市政工程识图与构造
（第2版）

主　编　程　述
主　审　郭喜庚

北京理工大学出版社
BEIJING INSTITUTE OF TECHNOLOGY PRESS

内 容 提 要

本书系统介绍了当前主要类型的市政工程构造及识图内容，具有较强的针对性和实用性。全书各主要模块均以典型市政工程图作为引入项目，并以其为案例进行讲解，主要内容包括市政工程及识图基础知识、市政道路工程识图与构造、市政桥梁工程识图与构造、市政管网工程识图与构造、其他市政工程识图与构造（挡土墙工程、涵洞工程、隧道工程）。

本书可作为高等院校土木工程、市政工程、路桥工程、工程造价等专业及其他相近专业的教材，也可作为市政工程管理、造价等工程技术管理人员的培训及参考用书，特别适合市政工程施工员、造价员等岗位从业者及初学者。

版权专有　侵权必究

图书在版编目（CIP）数据

市政工程识图与构造 / 程述主编. –– 2版. –– 北京:
北京理工大学出版社，2021.9
ISBN 978-7-5763-0478-7

Ⅰ.①市… Ⅱ.①程… Ⅲ.①市政工程－工程制图－识图②市政工程－建筑构造 Ⅳ.①TU99

中国版本图书馆CIP数据核字（2021）第203539号

出版发行 / 北京理工大学出版社有限责任公司
社　　址 / 北京市海淀区中关村南大街5号
邮　　编 / 100081
电　　话 / （010）68914775(总编室)
　　　　　（010）82562903(教材售后服务热线)
　　　　　（010）68944723(其他图书服务热线)
网　　址 / http://www.bitpress.com.cn
经　　销 / 全国各地新华书店
印　　刷 / 河北鑫彩博图印刷有限公司
开　　本 / 787毫米×1092毫米　1/16
印　　张 / 13.5
字　　数 / 293千字
版　　次 / 2021年9月第2版　2021年9月第1次印刷
定　　价 / 85.00元

责任编辑 / 钟　博
文案编辑 / 钟　博
责任校对 / 周瑞红
责任印制 / 边心超

图书出现印装质量问题，请拨打售后服务热线，本社负责调换

第2版前言

随着国家经济建设的迅速发展，近年市政工程建设规模不断发展扩大，因此，需要大量市政工程建设管理和技术人才。很多高等院校开设了市政工程技术专业或在土木工程类专业下开设了市政工程方向，但目前适用的教材较少，制约了教学工作的开展和专业人才的培养。

本书在第1版的基础上进行修订，引入了道路工程、桥梁工程和排水管网工程的案例项目图纸，增加了工程图识读例题，进一步加强理论、实践与教学的联系。在编写过程中，按照教育部专业教学改革精神及学校在示范院校建设过程中的教学改革和课程改革需要，充分考虑了更好地培养适应工程管理需要的专业技术人才的目标。本书主要具有以下特点：

（1）内容较为全面且主次分明，涵盖了道路、桥梁、管网等方面的具有代表性的市政工程类型，同时也介绍了挡土墙、涵洞、隧道等内容。

（2）按照《市政工程预算常用定额项目对照图示》及其相关规范、标准等文件编写，图示丰富多样，既有标准规范的工程图，又有简单易读的示意图，还有各种立体图、效果图等穿插其中，帮助理解构造、准确识图。

（3）以真实项目的工程图作为内容引入、照图讲解，并配套以工程图示为主的习题，巩固课堂知识，强化学习效果。

（4）针对重要知识点，增加教学微课视频，结合二维码信息技术，方便读者随时学习，多方位提升对知识点的理解与掌握。

（5）尊重高等教育的特点和发展趋势，合理把握"基础知识够用为度、注重专业技能培养"的编写原则。

本书由广东水利电力职业技术学院程述担任主编，由广东水利电力职业技术学院郭喜庚主审。

本书中的"引入项目"所采用的工程图纸由广联达软件股份有限公司提供，在本书编写过程中，编者查阅了大量公开或内部发行的技术资料和书刊，借用了其中的一些内容，在此谨向原作者致以衷心的感谢。本书在编写过程中，得到了北京理工大学出版社的大力支持，在此一并致谢。

由于编者水平有限，加之时间仓促，书中难免存在疏漏和不妥之处，敬请广大读者批评指正。

编　者

第1版前言

随着国家经济建设的迅速发展，近年市政工程建设规模不断发展扩大，因此，需要大批市政工程建设管理和技术人才。很多院校开设了市政工程技术专业或在土木工程类专业下开设了市政工程方向，但适用的教材较少，制约了教学工作的开展和专业人才的培养。

本书在编写过程中，按照教育部专业教学改革精神及学校在示范院校建设过程中教学改革和课程改革的需要，充分考虑了更好地培养适应工程管理需要的专业技术人才的目标。本书具有如下特点：

（1）内容较为全面且主次分明，涵盖了道路、桥梁、管网等几个方面有代表性的市政工程类型，同时，也介绍了挡土墙、涵洞、隧道等内容。

（2）图示丰富多样，既有标准规范的工程图，又有简单易读的示意图，还有各种立体图、效果图等穿插其中，帮助理解构造，准确识图。

（3）配套以工程图示为主的习题，巩固课堂知识，强化学习效果。

（4）尊重高等教育的特点和发展趋势，合理把握"基础知识够用为度、注重专业技能培养"的编写原则。

本书由广东水利电力职业技术学院程述担任主编，由郭喜庚主审。

在本书编写过程中，编者查阅了大量公开或内部发行的技术资料和书刊，借用了其中一些内容，在此向原作者致以衷心的感谢。由于编者水平有限，加之时间仓促，书中难免存在缺漏和错误之处，敬请广大读者批评指正。

编　者

目 录

模块1 市政工程及识图基础知识 …… 1

1.1 市政工程简介 ………… 1

1.1.1 市政工程的含义 ……… 1

1.1.2 市政工程的特点 ……… 2

1.2 投影基础知识 ………… 3

1.2.1 投影的形成 ………… 3

1.2.2 投影法的分类 ……… 3

1.2.3 常用的投影法 ……… 4

1.3 剖面图与断面图 ……… 8

1.3.1 剖面图（剖视图）……… 8

1.3.2 断面图 …………… 14

模块2 市政道路工程识图与构造 …… 17

2.1 城市道路组成及分类 …… 23

2.1.1 城市道路组成 ……… 23

2.1.2 城市道路分类 ……… 24

2.2 常见路面结构 ………… 27

2.2.1 路面结构及其层次划分 …… 27

2.2.2 路面分级与分类 …… 29

2.2.3 路面构造做法 ……… 31

2.2.4 水泥混凝土路面接缝构造 …… 32

2.3 道路平面图的内容与识读 …… 35

2.3.1 道路平面图的内容 ………… 35

2.3.2 道路平面图识读 ………… 45

2.4 道路纵断面图的内容与识读 … 46

2.4.1 道路纵断面图的内容 ……… 46

2.4.2 道路纵断面图识读 ……… 50

2.5 道路横断面图的内容与识读 … 50

2.5.1 道路路基横断面图 ……… 51

2.5.2 城市道路横断面图 ……… 54

2.6 城市道路交叉口 …………… 60

2.6.1 交叉口类型及相关术语 …… 60

2.6.2 平面交叉口立面构成形式 … 63

2.6.3 城市道路平面交叉口施工图

识读 ………… 66

模块3 市政桥梁工程识图与构造 …… 70

3.1 桥梁组成与基本分类 ………… 82

3.1.1 桥梁简况 ………… 82

3.1.2 桥梁基本组成 ………… 84

3.1.3 桥梁的类型 ………… 85

3.1.4 桥梁专有名词及术语 …… 93

3.2 桥梁基坑基础工程识图与构造 … 95

3.2.1 桥梁基坑工程识图与构造 … 95

3.2.2 桥梁基础形式与构造 ……… 99

3.3 桥梁墩台、支座识图与构造 … 105
　　3.3.1 桥墩识图与构造 ……… 106
　　3.3.2 桥台识图与构造 ……… 113
　　3.3.3 桥梁支座识图与构造 …… 119

3.4 桥梁跨越结构识图与构造 …… 122
　　3.4.1 跨越结构（主梁）主要类型 … 122
　　3.4.2 简支板桥识图与构造 …… 124
　　3.4.3 装配式简支梁桥的识图与构造… 126

3.5 桥面系统识图与构造 ……… 129
　　3.5.1 桥面铺装及桥面纵、横坡 … 130
　　3.5.2 桥面排水防水系统 …… 131
　　3.5.3 桥梁伸缩装置 ……… 132
　　3.5.4 桥面人行道、栏杆与立柱、
　　　　　隔声屏障 ……… 135

3.6 市政桥梁工程图组成与识图…… 138
　　3.6.1 桥梁工程图组成 ……… 138
　　3.6.2 桥梁工程图识读 ……… 141

模块4 市政管网工程识图与构造 … 145
4.1 城市给水系统 ……… 150
　　4.1.1 给水系统种类 ……… 150
　　4.1.2 给水系统组成 ……… 152

4.2 城市排水系统 ……… 157
　　4.2.1 城市排水分类及排水要求 … 157
　　4.2.2 排水管道系统组成 …… 157
　　4.2.3 城市排水体制 ……… 158
　　4.2.4 排水管网布置形式 …… 159
　　4.2.5 污水处理厂 ……… 161

4.3 管道管材 ……… 162

4.3.1 钢管 ……… 162
4.3.2 铸铁管 ……… 164
4.3.3 塑料管 ……… 166
4.3.4 水泥制品管 ……… 166
4.3.5 陶土管与排水管渠 …… 169

4.4 管网附属构筑物 ……… 170
　　4.4.1 给水管道上的附属构筑物 … 170
　　4.4.2 排水管道上的附属构筑物 … 171

4.5 市政管网工程图识图 ……… 174
　　4.5.1 市政管网工程图组成及图示
　　　　　特点 ……… 174
　　4.5.2 市政排水管网平面图识读 … 175
　　4.5.3 市政排水管道纵断面图识读 … 177
　　4.5.4 排水管道及其附属构筑物
　　　　　结构图识读 ……… 178

模块5 其他市政工程识图与构造 … 183
5.1 挡土墙工程识图与构造 ……… 187
　　5.1.1 挡土墙的作用与类型 …… 187
　　5.1.2 挡土墙构造 ……… 189
　　5.1.3 挡土墙工程图识读 …… 191

5.2 涵洞工程识图与构造 ……… 193
　　5.2.1 涵洞的分类与组成 …… 194
　　5.2.2 涵洞工程识图与构造 …… 195

5.3 隧道工程识图与构造 ……… 200
　　5.3.1 隧道的分类与组成 …… 200
　　5.3.2 隧道洞口识图与构造 …… 202
　　5.3.3 隧道内的避车洞 ……… 205

参考文献 ……… 209

模块 1
市政工程及识图基础知识

1.1 市政工程简介

1.1.1 市政工程的含义

市政工程是组成城市的重要部分,包括城市的道路、桥涵、隧道、给水排水、燃气、供暖、绿化等各项工程。从市政工程所包含的内容可以看出,它涉及的范围相当广泛,包括交通、水利、城市绿化等各种类型的工程,涵盖了工业、农业、交通等生活、生产的方方面面,并对其产生巨大影响。因此,不难理解市政工程对于城市建设的重大贡献和作用,由此也可以显现出学习市政工程相关知识所具有的重要意义。

视频:市政工程的含义

市政工程是指国家或地方投资新建的城市基础设施,供城市生产和人民生活的公用工程。市政工程的定义包含以下两个要点:

(1)市政工程是城市基础设施,其所属范围应在城市或城镇之中。例如,高速公路与城市道路(图1-1)的结构相似甚至完全相同,但是高速公路的范围显然不能局限在某个特定的城市之中,因此,它不属于市政工程而属于交通工程。这两者之间具有相同点,也具有不同点。

(a)   (b)

图1-1 高速公路和城市道路的相同与不同

(a)高速公路;(b)城市道路

(2)市政工程是城市中的公用工程,即公共类工程(使用者是公共群众而非某些或某个特定私人或集体),通常由政府投资新建,但并非所有的公共工程都是公益性的。例如,城市地铁具有完善的收费机制,是市政工程中典型的非公益性(也称为经营性)公用工程。

1.1.2 市政工程的特点

市政工程是城市生产和人民生活不可或缺的重要基础设施。工程项目本身具有区别于一般工业产品的特点,而市政工程又具有其自身特点。

1. 市政工程产品(工程实体)特点

视频:市政工程
的特点

除具备投资额度大、体积庞大等工程项目实体的通用特点外,市政工程产品还具有以下特点:

(1)类型多。如前所述,市政工程包括道路、桥涵、隧道、给水排水、燃气、供暖、绿化等各项工程,且工程遍布城市各个角落,数量庞大。

(2)结构复杂。市政工程多种多样的类型使得不同工程的结构各不相同,即便是同种类型的工程,也具有多种不同的结构。如同样是桥梁工程,同一条河流上的两座桥梁,可能由于地理位置、地质条件的不同而采用完全不相同的两种结构,以满足使用要求,达到建设目的。

(3)系统性强。各种类型的工程不是单独存在的,而是共同形成一个庞大复杂的城市建设网络系统,共同设计、建造、运营使用。工程与工程之间交错影响,必须充分考虑该网络的整体性、系统性,达到整体的协调。例如,城市道路工程必须配套进行管网等供水、供电工程,并不仅仅只是进行路基、路面工程;桥梁工程的设计与施工必须充分考虑相应的给水排水、燃气管道等工程的使用需求与规模,并进行相应的调整与变化。

2. 市政工程施工特点

除具备生产资源流动性,生产过程一次性,工期长,人力、物力、财力投入多等工程项目施工的通用特点外,市政工程施工还具有以下特点:

(1)协作性强。市政工程的种类繁多,数量庞大,这就对施工的协作性提出了更高的要求。地上、地下工程,水电、材料、交通运输,甚至附近工厂与居民,都需要协作支持,才能保证项目的顺利实施。

(2)受自然条件影响大。大部分工程的施工都会直接受到自然条件的影响(如风暴、大雨、霜雪、严寒、酷热等),尤其以市政工程最为明显。例如,建筑工程主体结构完工后,大部分施工作业(砌筑、装饰装修)都可以在室内的环境下完成,而市政工程的施工几乎从开始到结束都是暴露在露天环境下,因此,恶劣天气相对更容易给其施工造成不良影响。

图样是工程的语言,它能准确地表达物体的形状、大小及其施工时所需要的全部技术要求,是表达设计者的设计意图和生产者进行施工的桥梁,是交流技术思想的重要工具,是施工建设的重要技术文件。

工程识图是为了正确有序地完成工作程序而制定的一种规则。识图与构造,识读图纸、掌握构造,是从事市政工程施工建设的知识基础,具有重要的意义。

1.2　投影基础知识

1.2.1　投影的形成

在光线照射下，物体在地面、墙面或其他面上会投下它们的影子。例如，树荫就是树木在阳光的照射下，在地面投下的影子。

如图 1-2 所示，投影形成的三个基本条件如下：

(1)投影中心：发出光线的太阳或灯泡等其他光源，其作用是发出投影线。

(2)物体：物体若不存在，则不存在物体的影子。

(3)投影面：物体影子的投射面。

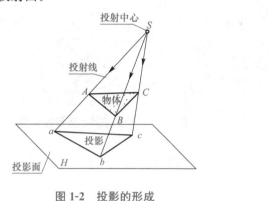

图 1-2　投影的形成

视频：投影的形成

思考：用手电筒照射一个物体，分别以墙壁和天空作为投影面，会有什么结果？

1.2.2　投影法的分类

投射线通过物体，向选定的面投影，并在投影面上得到图像的方法称为投影法。投影法一般可分为中心投影法及平行投影法两类。

1. 中心投影法

投射线从投射中心发射对物体做投影的方法称为中心投影法，投射线汇交于一点——投射中心。在灯泡光线下进行投影就属于这种情况[图 1-3(a)]。

2. 平行投影法

投影线互相平行所产生的投影方法称为平行投影法。例如，在太阳光线下进行投影就属于这种情况。根据投影线与投影面是否垂直，平行投影法又可以分为以下两类：

(1)正投影法：投影线相互平行且垂直于投影面[图 1-3(b)]。

(2)斜投影法：投影线相互平行且倾斜于投影面[图 1-3(c)]。

在正投影法中，立体上的平面和直线的投影有以下三个特性(图 1-4)：

(1)实形性：当立体上的平面图形和直线平行于投影面时，它们的投影反映平面图形的真实形状和直线段的实长。

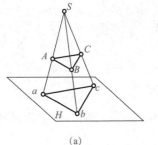 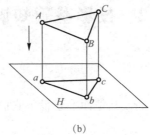 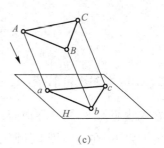

(a)   (b)   (c)

图 1-3 　投影法的分类

(a)中心投影；(b)正投影；(c)斜投影

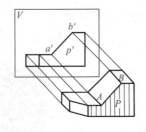 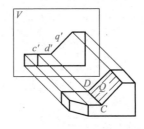 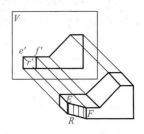

图 1-4 　正投影法的基本投影特性

(2)积聚性：当立体上的平面图形和直线垂直于投影面时，它们的投影分别积聚成直线和点。

(3)类似性：当立体上的平面图形和直线倾斜于投影面时，平面的投影为平面的类似形状。

1.2.3 　常用的投影法

1. 透视投影法(属中心投影)

采用中心投影法将空间形体投射在单一投影面上，从而得到其投影的方法称为透视投影法(图 1-5)，所得的中心投影称为透视图。其特点：如平行移动物体(投影元素)，即改变元素与投射中心或投影面之间的距离、位置，则其投影的大小也随之改变。透视图形象逼真，立体感强，但度量性差，无法获得物体确切的尺寸大小。

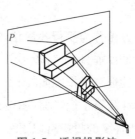

图 1-5 　透视投影法

2. 轴测投影法(属平行投影)

将物体连同确定物体位置的坐标系,沿不平行于任一坐标面的方向,用平行投影法投射到单一投影面上所得到的图形,称为轴测图。轴测图能同时反映物体长、宽、高三个方向的尺寸,富有立体感,在许多工程领域,常作为辅助性图样。轴测图可分为以下两类:

(1)正轴测图:物体与投影面(倾斜),用正投影法作出物体的投影,如图 1-6(a)所示。

(2)斜轴测图:不改变物体与投影面的相对位置(物体正放),用斜投影法作出物体的投影,如图 1-6(b)所示。

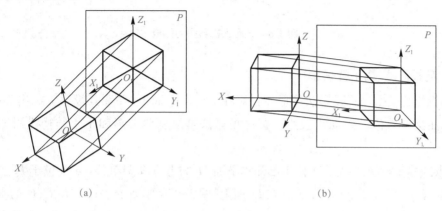

(a)   (b)

图 1-6　轴测投影法

(a)正轴测投影；(b)斜轴测投影

透视投影法与轴测投影法具有相同的优、缺点,这两种方法在土木工程中常用来表示建筑物外观或室内装修效果。

3. 多面正投影法(属平行投影)

设立两个或两个以上相互垂直的投影面,作出空间形体(立体形体)在这些面上的正投影,然后按一定的方法将投影展开。这种投影方法称为多面正投影法。

多面正投影图是用多个投影图来表达各个表面的投影图,这种图的优点是度量性好,可反映真实图形、作图简便,适用于表达设计施工思想的技术文件,它在工程实践中应用较为广泛,是工程设计的主要表达方式。其缺点是直观性不强,需要掌握一定的投影知识才能看懂。

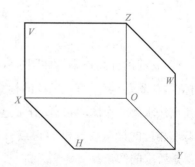

三面投影体系由三个相互垂直的投影面组成,即正立面 V、水平面 H、侧立面 W,相互垂直的投影面之间的交线为投影轴。其中,X 轴为长度方向,Y 轴为宽度方向,Z 轴为高度方向,如图 1-7 所示。

图 1-7　三面投影体系的建立

三面投影体系的展开是指将三个投影面展开在一个平面上,其展开规则是:正立面 V 不动,水平面 H 绕 OX 轴向下旋转 $90°$,侧立面 W 绕 OZ 轴向右旋转 $90°$,如图 1-8 所示。

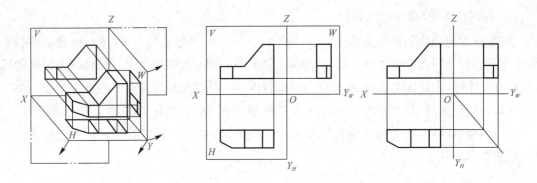

图 1-8　三面正投影图的形成

4. 标高投影法(属平行投影)

标高投影法是采用正投影法将形体投影在一个水平面上,并在其投影上标出等高线,它是一种标注高度数值的单面正投影。标高投影法是绘制地形图和土工结构投影图的主要方法。

(1)点的标高投影。设点 A 位于已知水平面 H 的上方 3 个单位,点 B 位于 H 上方 5 单位,点 C 位于 H 下方 2 个单位,点 D 在 H 面上[图 1-9(a)],那么,在 A、B、C、D 的水平投影 a、b、c、d 旁注上相应的高度值 3、5、-2、0[图 1-9(b)],即得点 A、B、C、D 的标高投影图。此时,3、5、-2、0 等高度值称为各点的标高。

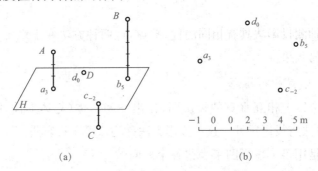

| (a) | (b) |

图 1-9　点的标高投影

(2)直线的标高投影。如图 1-10 所示,在直线 AB 的投影 ab 上,标出它的两个端点 a 和 b 的标高,如 a_5b_2,就是直线 AB 的标高投影。求直线段 AB 的实长以及它对基准面的倾角,可用换面法求解。作图时,只要分别过 a_5 和 b_2 引线垂直于 a_5b_2,并在所引垂线上,按比例尺分别截取相应的标高数 5 和 2,得点 A 和 B。AB 的长度,就是所求实长。AB 与 a_5b_2 间的夹角 α,就是所求的倾角。

(3)平面的标高投影。平面的标高投影与正投影相同,可以用不在同一条直线上的三个点、一条直线和线外一点、两条相交直线或两条平行直线等的标高投影来表示。

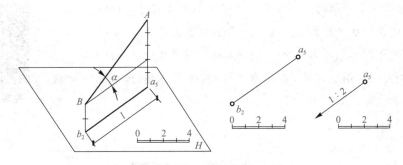

图 1-10 直线的标高投影

地面上高程相等的相邻点连接而成的闭合曲线称为等高线,如图 1-11 所示。

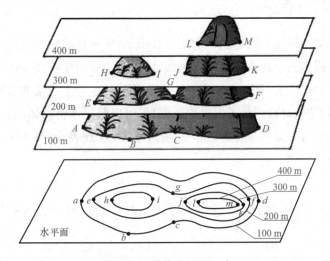

图 1-11 等高线绘法示意

【例 1-1】 在高程为 5 m 的地面上挖一基坑,坑底高程为 1 m,如图 1-12 所示。求开挖线和坡面交线,并在坡面上绘制出示坡线。

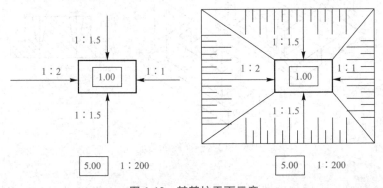

图 1-12 某基坑平面示意

解:基坑底面与地面的高差 $H=5-1=4(m)$,则有

北坡开挖水平距离 $L_1=4\times1.5=6(m)$(图上尺寸 3 cm)

南坡开挖水平距离 $L_2＝4×1.5＝6(m)$(图上尺寸 3 cm)

西坡开挖水平距离 $L_3＝4×2＝8(m)$(图上尺寸 4 cm)

东坡开挖水平距离 $L_4＝4×1＝4(m)$(图上尺寸 2 cm)

通过比例尺化成图上尺寸,各边作平行线,边角连接,绘制出示坡线,如图 1-12 所示。

视频:【例 1-1】

1.3 剖面图与断面图

1.3.1 剖面图(剖视图)

在工程图中,物体上可见的轮廓线一般用实线表示,不可见的轮廓线用虚线表示。当物体的内部构造复杂时,投影图中就会出现很多虚线,因而使图面的虚实线交错,混淆不清,给人们画图、读图和标注尺寸均带来不便,也容易产生差错。另外,工程上还常要求表示出建筑构件的某一部分形状及所用建筑材料。为了解决以上问题,可以假想地将物体剖开,让它的内部构造显露出来,使物体的不可见部分变成可见部分,从而可以用实线表示其内部形状和构造。

1. 剖面图的形成

用假象剖切面剖开形体,将处在观察者和剖切面之间的部分移去,而将其余部分向投影面作正投影所得到的视图称为剖面图或剖视图。其目的是用于表达形体的内部结构,如图 1-13 所示。

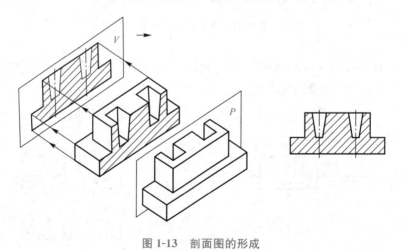

图 1-13 剖面图的形成

剖面图除应绘制出剖切面切到的断面图形外,还应绘制出沿投射方向看到的其余部分的投影。被剖切面切到的断面轮廓线用粗实线绘制;剖切面没有切到,但沿投射方向可以看到的部分用中实线或细实线绘制。剖面图常与基本视图相互配合,使建筑形体的图样表达得完整、清晰、简明。

2. 剖面图的表示方法

(1)剖切符号。用剖面图配合其他视图表达物体时,为了明确视图之间的投影关系,便于读图,对所绘制的剖面图一般应标注剖切符号,注明剖切位置、投射方向和剖面名称。剖面图的剖切符号由剖切位置线、投射方向线及编号三部分组成。剖切位置线、投射方向线应以粗实线绘制。为了区分同一形体上的剖面图,在剖切符号上宜用阿拉伯数字加以编号,数字应写在投射方向线一侧。视图中,在剖面图的下方或一侧应注写相应的编号,如"1—1 剖面图",并在图名下画一条粗实线。如图 1-14 所示,正面投影和侧面投影的下方注出"1—1 剖面图"和"2—2 剖面图"。

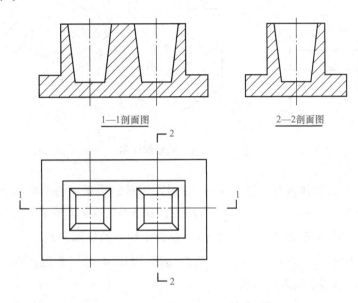

图 1-14　杯形基础的剖面图

(2)绘制剖面图时应注意以下几个问题:

1)由于剖切是假想的,将物体剖开是为了表达其内部形状所做的假设,物体仍是一个完整的整体,并没有真的被切开和移去一部分。因此,每次剖切都应将物体看作是一个整体,不受前面剖切的影响,其他视图仍应按原先未剖切时的形状完整地画出。如图 1-14 所示的俯视图。

2)剖切平面一般应通过形体的对称面、内部孔等结构的轴线,并且平行于基本投影面。

3)剖切平面后面的可见轮廓线应全部画出;剖切平面前方已剖去部分的可见轮廓线不应画出。

4)凡已表达清楚的内部结构,虚线可省略不画;没有表达清楚的部分,必要时可画出虚线。

3. 剖面图的种类及应用

(1)全剖面图。用剖切面将物体完全剖开所得到的视图称为全剖面图。当结构的外形较简单,而内部结构较复杂时,常用全剖面图表达物体

视频:剖面图的
种类

的内部结构,如图1-15所示。全剖面图一般都需要标注剖切符号。但若剖切平面与物体的对称面重合,剖面图又按投影关系配置时,剖切平面位置和视图关系比较明确,可省略标注。

图1-15中的侧面投影为台阶的全剖面图,假想用平行于W面的剖切平面P,通过台阶的踏步剖开,移开左半部,将右半部向W面投影,即得台阶的全剖面图。在该剖面图中反映了台阶踏步的截断面和栏板的外形轮廓。

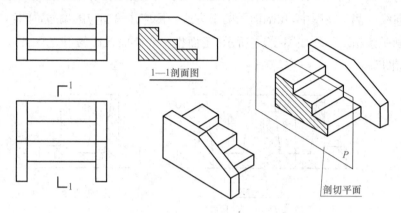

图1-15 台阶的全剖面图

(2)半剖面图。当物体具有对称平面时,在垂直于对称平面上的投影面上投影所得的图形,可以对称中心为界,一半画成视图,另一半画成剖面图,这样组合的图形称为半剖面图。其适用于内、外结构都需要表达的对称物体,一半表示物体的外部形状,另一半表示物体的内部构造。图1-16所示为一杯形基础,因其左右、前后均对称,故三个视图都可采用半剖面图表示,使其内、外形状表达清晰、简明。

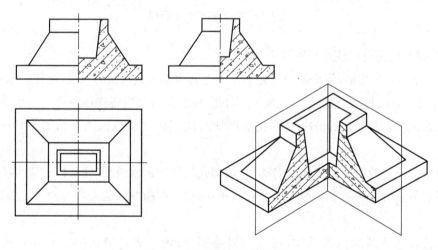

图1-16 杯形基础的半剖面图

(3)局部剖面图。用一个剖切平面将物体的局部剖开后所得的剖面图称为局部剖面图。当物体只需要表达其局部的内部结构时,或不宜采用全剖面图、半剖面图时,可采用局部剖面图。图1-17所示为某机械零件的一组视图,为了表示其局部的内部结构,平面图采用了局部剖面图,其余部分仍画成外形视图。

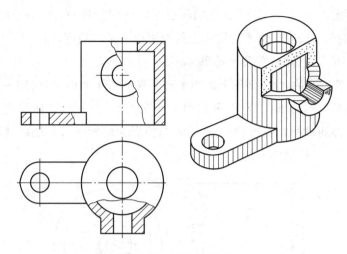

图 1-17　局部剖面图

　　局部剖面图的剖切范围用波浪线表示,波浪线不可与图形轮廓线重合,也不应超出视图的轮廓线。

　　(4)阶梯剖面图。**用几个平行的剖切平面剖开物体的方法称为阶梯剖。**阶梯剖面图适用于物体需要表达的内部结构的轴线或对称面不在同一平面内,但相互平行,宜采用几个平行的剖切平面剖切。

　　图 1-18 所示的构件,由于孔槽较多,且方形孔槽与圆形孔槽的轴线不在同一垂直平面内,用一个剖切平面不能全部剖到。为了表示该构件的内部结构,采用了两个互相平行的垂直平面作为剖切面,从而得到反映该构件厚度和两个孔槽位置的阶梯剖面图。

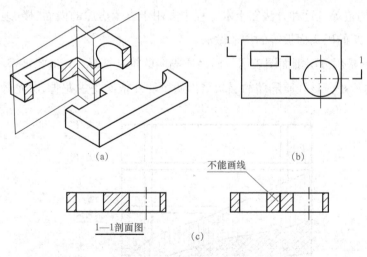

(a)
(b)
不能画线
1—1剖面图
(c)

图 1-18　阶梯剖面图

　　为反映物体上各内部结构的实形,阶梯剖面图中的几个剖切平面必须平行于某一基本投影面。因为剖切是假想的,所以在画阶梯剖面图时,不能画出剖切平面转折处的交线。标注时要写出阶梯剖视的名称,画出指明剖切平面起止和转折位置及投射方向的剖切符号。

(5)展开剖面图。用两个或两个以上的相交平面剖切物体,所得的剖面图称为展开剖面图。当形体结构的两部分在一基本投影面上的投影成一定的角度,用一个剖切平面无法将各部分的形状、尺寸真实表达时,常采用展开剖面图。

图 1-19 所示的过滤池,由于池壁上的两个孔不在同一个平面上,仅用一个剖切平面不能都剖切到,但池体具有回转轴线,可以采用两个相交的剖切平面,并让其交线与回转轴线重合,使两个剖切平面通过所要表达的孔,然后将与投影面倾斜的部分绕回转轴旋转到与投影面平行,再进行投影,这样池体上的孔就表达清楚了。

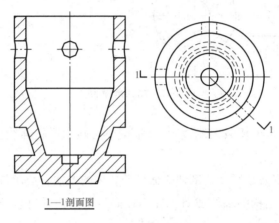

1—1剖面图

图 1-19 过滤池的展开剖面图

(6)分层剖面图。按实际需要,用分层剖切的方法表示其内部构造得到的剖面图称为分层剖面图。对一些具有多层构造层次的建筑构配件,可按层次以波浪线将各层次隔开,以表示各层的材料、构造等。这种方法在土木工程中多用于表示房屋的墙面、楼(地)面、屋面及道路工程和水工建筑的码头面板等的构造做法。

图 1-20 所示是用分层剖面图表示一面轻质隔墙的构造情况。用 3 条波浪线为界,分别把四层构造都表达清楚。该轻质隔墙的层状结构从里往外依次是主龙骨、次龙骨、木板条、钢板网和面层粉刷。

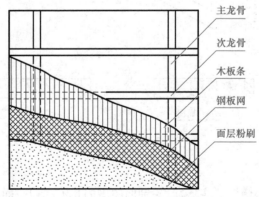

图 1-20 分层剖面图

分层剖切实质上是局部剖切的一种形式。分层剖切的剖面图,应按层次以波浪线将各层隔开,波浪线不应与任何图线重合。

　　阶梯剖面图、展开剖面图和分层剖面图都是用两个或两个以上的平面剖切物体得到的。

　　【例1-2】 图1-21所示为某窨井的投影图,3个图都是用剖面图表示的,识读该窨井的投影图。

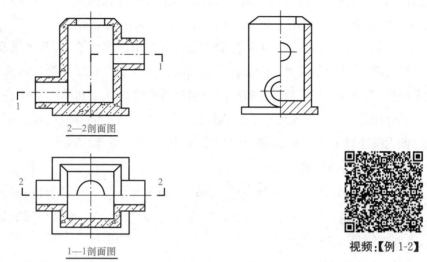

2—2剖面图

1—1剖面图

视频:【例1-2】

图1-21　某窨井的投影图

　　【分析】正面投影采用全剖面图,剖切平面通过窨井的前后对称面,如图1-22(a)所示。

　　水平投影采用以阶梯形式剖切的半剖面图,中心线上面表示外形、下面表示内部结构,如图1-22(b)所示。

　　侧面投影采用半剖面图,中心线左边表示外形,右边表示内部结构,如图1-22(c)所示。

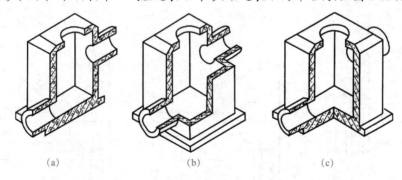

(a)　　　　　　　　　(b)　　　　　　　　　(c)

图1-22　窨井各剖面图的剖切位置

(a)全剖;(b)阶梯剖;(c)半剖

　　【读图】先从半剖面图表示外形的投影图开始,因采用半剖面图,物体的外形一般是对称的,所以,可根据半个外形图,想象出整个窨井的外形,然后再从剖面图中弄清楚内部的构造。

　　从图1-22中可知,窨井是由底板(四棱柱体)、井身(四棱柱体)、盖板(四棱台)和两个圆管组成的。在其内部,井身是四棱柱体的空腔,底部比底板高,盖板中间有个圆孔。

1.3.2 断面图

1. 断面图的概念及断面图的表示方法

（1）断面图的概念。假想用剖切面将物体的某处断开，仅绘出该剖切面与物体接触部分的图形，称为**断面图**。断面图常用于表达形体上某一部分的断面形状，如建筑及装饰工程中梁、板、柱、造型等某一部位的断面真形。断面图需要单独绘制。

（2）断面图的表示方法。断面图的断面轮廓线用粗实线绘制，断面轮廓线范围内也要绘出材料图例，画法同剖面图。断面图的剖切符号由剖切位置线和编号两部分组成，不绘制投射方向线，而以编号写在剖切位置线的一侧表示投射方向。如图 1-23(d)所示，断面图剖切符号的编号注写在剖切位置线的下侧，则表示投射方向从上向下。在视图中，于断面图的下方或一侧也应注写相应的编号，如"1—1"并在图名下画一条粗实线。

2. 剖面图与断面图的区别

（1）绘制内容不同。剖面图是绘制剖切后物体剩余部分"体"的投影，除绘出截断面的图形外，还应绘出沿投射方向所能看到的其余部分；而断面图只绘出物体被剖切后截断"面"的投影，断面图包含于剖面图中。

（2）标注方式不同。如图 1-23(c)所示，剖面图的剖切符号要画出剖切位置线及投射方向线，而断面图的剖切符号只绘剖切位置线，投射方向用编号所在的位置来表示，如图 1-23(d)所示。

（3）剖切平面数量不同。剖面图可采用多个剖切平面；而断面图一般只使用单一剖切平面。通常，绘制剖面图是为了表达物体的内部形状和结构；而断面图则常用来表达物体中某一局部的断面形状。

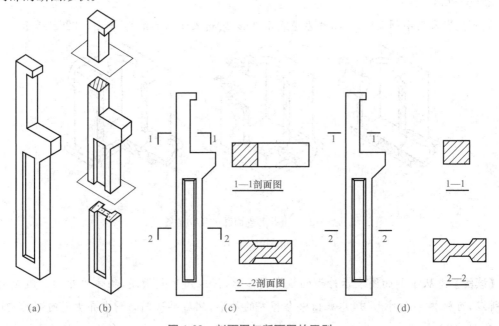

图 1-23　剖面图与断面图的区别

3. 断面图的种类及应用

(1)移出断面图。绘制在视图轮廓线以外的断面图称为移出断面图。图1-24所示为钢筋混凝土梁、柱节点的正立面图和移出断面图。移出断面图的轮廓线用粗实线画出,可以绘制在剖切平面的延长线上或其他适当的位置。移出断面图一般应标注剖切位置、投射方向和断面名称。

视频:**断面图的种类**

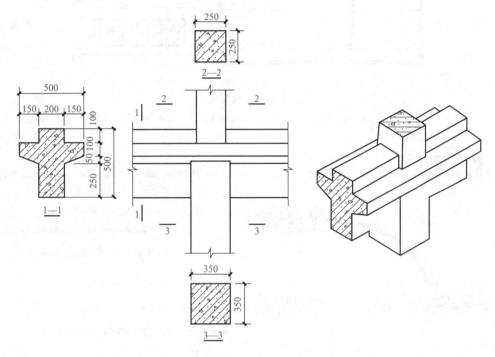

图 1-24　梁、柱的节点的正立面图和移出断面图

(2)中断断面图。有些构件较长且断面图对称,可以将断面图绘制在构件投影图的中断处。**绘制在投影图中断处的断面图称为中断断面图。**

中断断面图的轮廓线用粗实线绘制,投影图的中断处用波浪线或折断线绘制,如图1-25所示。此时不画剖切符号,图名还用原图名。

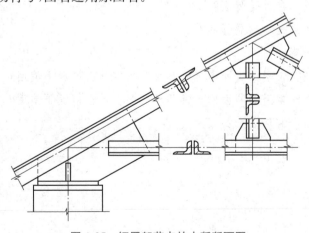

图 1-25　钢屋架节点的中断断面图

(3)重合断面图。画在视图轮廓线内的断面图称为重合断面图。重合断面图的轮廓线用细实线画出。当投影图的轮廓线与断面图的轮廓线重叠时,两投影图的轮廓线仍需要完整地画出,不可间断,如图1-26所示。

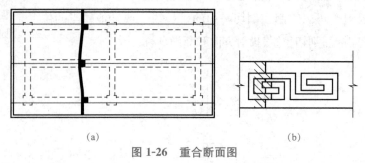

(a)   (b)

图1-26 重合断面图

(a)梁、板结构的重合断面图;(b)墙面装饰图上的重合断面图

模块小结

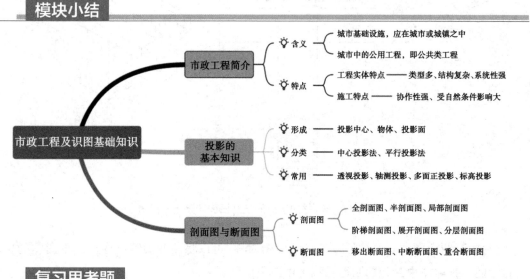

复习思考题

1. 什么是市政工程?其特点是什么?

2. 投影形成的基本条件是什么?

3. 三面正投影体系是如何展开的?

4. 什么是标高投影法?

5. 什么是剖面图?常用的剖面图有哪几种?各在什么情况下使用?

6. 什么是断面图?常用的断面图有哪几种?各在什么情况下使用?

7. 剖面图与断面图有何区别?

模块 2
市政道路工程识图与构造

某城市道路施工图

图纸:如图 2-1～图 2-5 所示,为某城市道路施工图,包括平面图、纵断面图、横断面图、路面结构图和路基横断面图(部分桩号)。

要求:通过本模块学习,识读该城市道路施工图。

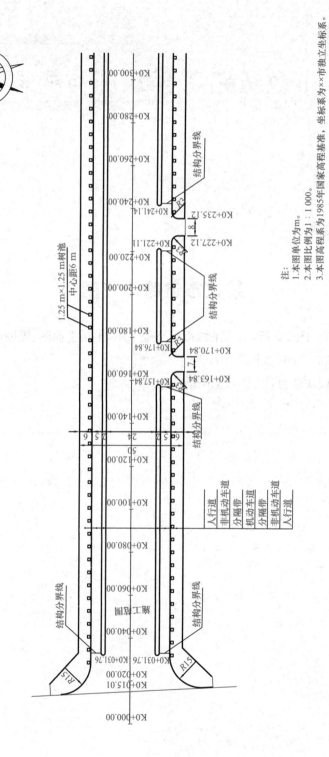

图 2-1　某城市道路平面图

注:
1. 本图单位为m。
2. 本图比例为1：1 000。
3. 本图高程系为1985年国家高程基准，坐标系为××市独立坐标系。

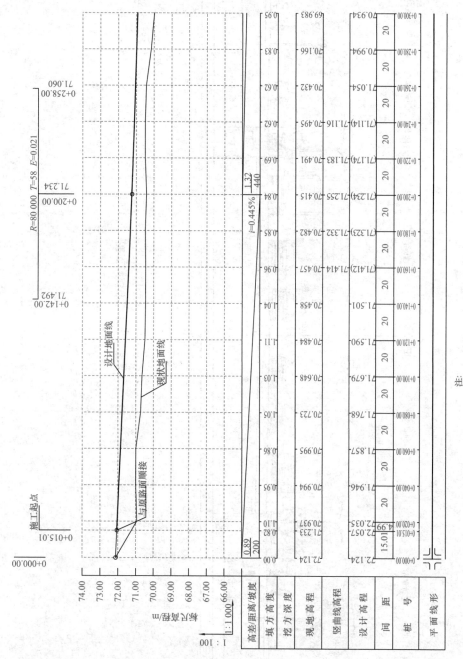

図 2-2 某城市道路纵断面图

注:
1.本图尺寸均以 m 为单位。
2.纵断图横向比例1:1 000, 竖向比例1:100。
3.道路设计总长度635.32 m。
4.竖曲线范围设计高程中括号内为设计高程为切线高程。
5.全线最大纵坡0.445%, 最小纵坡0.3‰。
6.全线最小凹曲线半径80 000 m, 无凸曲线。

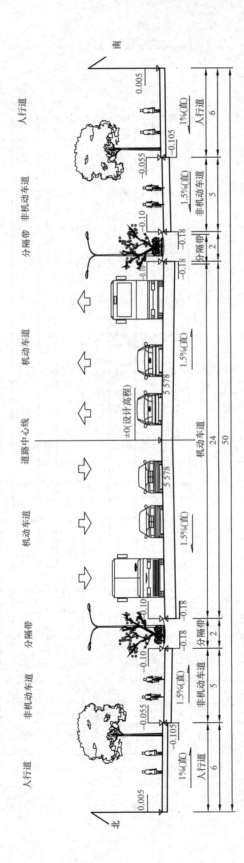

图 2-3 某城市道路标准横断面图

北

南

人行道　非机动车道　分隔带　　机动车道　　道路中心线　　机动车道　　分隔带　非机动车道　人行道

±0(设计高程)

注：
1.本图单位为 m。
2.路灯及绿化仅为示意。

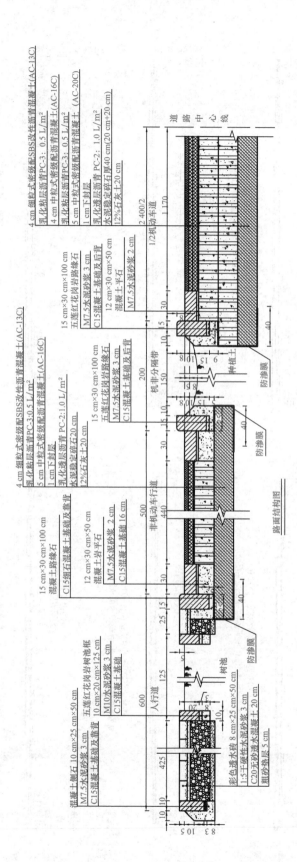

图 2-4　某城市道路路面结构图

注：
1. 单位均为 cm。
2. 路拱曲线采用直线型。
3. 每层沥青混凝土之间需用沥青粘层油，型号为 PC-3 乳化沥青。
4. 水泥稳定碎石基层压实成型后，应撒布 PC-2 型乳化沥青，并立即撒布石屑或粗砂，乳液用量为 0.7~1.5 L/m，石屑或粗砂用量为 2~3 m³/1 000 m²。
5. 下封层沥青采用 PCR 改性乳化沥青，用量为 0.9~1.0 L/m²，并撒布 5~8 m³/1 000 m²。
6. 沥青中如遇降低用 (SBS) 乳化沥青 30 MPa时，用量不小于 30 MPa时，应采用回弹模量小于30 MPa时。
7. 防渗膜采用两布一膜防渗土工膜，规格为 400 g/m²，断裂强度≥8.0 kN/m，CBR顶破强力≥1.4 kN，耐净定水压0.4 MPa。
8. 预制混凝土道缘石、侧石、平石所用混凝土强度等级不低于C40。

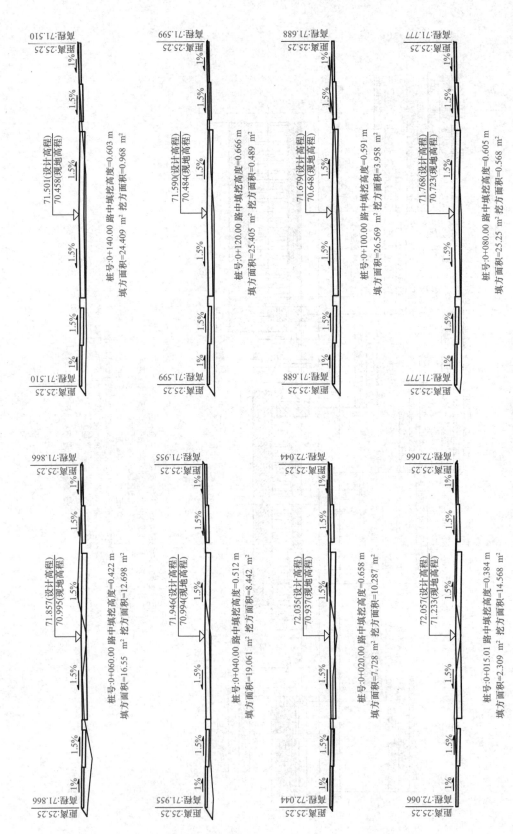

图 2-5 某城市道路路基路基横断面图（部分桩号）

2.1 城市道路组成及分类

2.1.1 城市道路组成

城市道路是指通达城市各地区,供城市内交通运输及行人使用,便于居民生活、工作及文化娱乐活动,并与市外道路连接,负担着对外交通的道路。

如图 2-6 所示,城市道路一般较公路宽阔,为适应复杂的交通工具,多划分为机动车道、公共汽车优先车道、非机动车道等。道路两侧有高出路面的人行道和房屋建筑,人行道下多埋设公共管线(包括给水排水、燃气、电力、通信等各类管线)。为美化城市,市政道路一般布置绿化带、雕塑艺术品等美化设施。公路则在车行道外设路肩,两侧种行道树,设置边沟排水。

视频:城市道路的组成

图 2-6　城市道路

在城市里,沿街两侧建筑红线之间的空间范围为城市道路用地,该用地一般由以下不同功能组成:

(1)车行道。车行道是指供各种车辆行驶在同一路面宽度内的路幅。其中,供汽车、无轨电车、摩托车行驶的是机动车道;供有轨电车行驶的是有轨电车道;供人力自行车、三轮车等行驶的是非机动车道。

(2)人行道。人行道是指道路中用路缘石或护栏及其他类似设施加以分隔的专供行人步行交通使用的部分。

(3)绿化带。绿化带是指供绿化的条形地带,可以消除视觉疲劳、净化环境、美化城市、减少交通事故等作用,在城市占据着不可取代的重要地位。

(4)分隔带。分隔带是指沿道路纵向设置的分隔车行道用的带状设施。位于路中线位置的称为中央分隔带;位于路中线两侧的称为外侧分隔带。

城市道路中多采用绿化带直接作为分隔带,起分隔、卫生、防护与美化等多重作用。

(5)辅助性交通设施。辅助性交通设施是为组织交通、保证交通安全而设置,如交通信号灯、交通标志、交通岛、护栏等。

(6)交叉口和交通广场。交叉口是指城市中两条以上不同方向的道路的相交处,是城市道路系统的组成部分。在同一平面上的相交处称为平面交叉口;在不同平面上的相交处称为立体交叉口。交通广场是指具有交通枢纽功能的广场。交通广场可分为两类:一类是道路交叉的扩大,疏导多条道路交会所产生的不同流向的车流与人流交通;另一类是交通集散广场,主要解决人流、车流的交通集散,如影、剧院前的广场,体育场,展览馆前的广场,工矿企业的厂前广场,交通枢纽站站前广场等,均起到交通集散的作用。在这些广场中,有的偏重解决人流的集散,有的对人、车、货流的解决均有要求。交通集散广场车流和人流应很好地组织,以保证广场上的车辆和行人互不干扰,畅通无阻。

(7)停车场和公共汽车停靠站台。停车场是指供停放车辆使用的场地。其主要任务是保管停放车辆,收取停车费。公交车辆停靠站是指公共交通车辆运行的道路上,按营运站位置设置的车辆停靠设施,有岛式、港湾式等。停靠站一般配备站牌、雨篷及长凳。

(8)沿街地上设施。如照明灯柱、架空电线杆、给水栓、邮筒、清洁箱、接线柜等。

这里值得注意的是,市政道路的排水系统一般包括雨水口、雨水检查井、雨水管、污水检查井、污水管等。该排水系统属于市政管网工程的范围,而不属于市政道路的组成内容。

2.1.2 城市道路分类

城市道路既是城市的骨架,又要满足不同性质交通流的功能要求。其作为城市交通的主要设施、通道,既应该满足交通的功能要求,又要起到组织城市用地的作用。城市道路系统规划要求按道路在城市总体布局中的骨架作用和交通地位对道路进行分类,还要按照道路的交通功能进行分析,同时,满足"骨架"和"交通"的功能要求。因此,城市道路分类的方法有多种,按照城市骨架的要求和按照交通功能的要求进行分类并不是矛盾的,多种分类是必须的,应当相辅相成,相互协调。

视频:城市道路的分类

1. 按功能划分

根据道路在城市道路系统中的地位和交通功能,《城市道路工程设计规范(2016 年版)》(CJJ 37—2012)将城市道路分为四种类型,即快速路、主干路、次干路、支路。具体见表 2-1。

表 2-1　城市道路按功能分类表

分类名称	内容说明
快速路	(1)为流畅地处理城市大量交通而建筑的道路。 (2)要有平顺的线型,与一般道路分开,使汽车交通安全、通畅和舒适。 (3)与交通量大的干路相交时应采用立体交叉,与交通量小的支路相交时可采用平面交叉,但要有控制交通的措施。 (4)两侧有非机动车时,必须设完整的分隔带。 (5)横过车行道时,需经由控制的交叉路口或地道、天桥

分类名称	内容说明
主干路	(1)连接城市各主要部分的交通干路,是城市道路的骨架,主要功能是交通运输。 (2)主干路上的交通要保证一定的行车速度,故应根据交通量的大小设置相应宽度的车行道,以供车辆通畅地行驶。 (3)线形应顺捷,交叉口宜尽可能少,以减少相交道路上车辆进出的干扰,平面交叉要有控制交通的措施,交通量超过平面交叉口的通行能力时,可根据规划采用立体交叉。 (4)机动车道与非机动车道应用隔离带分开。交通量大的主干路上快速机动车如小客车等也应与速度较慢的卡车、公共汽车等分道行驶。主干路两侧应有适当宽度的人行道。 (5)应严格控制行人横穿主干路。主干路两侧不宜建设吸引大量人流、车流的公共建筑物如剧院、体育馆、大商场等
次干路	(1)一个区域内的主要道路,是一般交通道路兼有服务功能,配合主干路共同组成干路网,起广泛联系城市各部分与集散交通的作用,一般情况下为快、慢车混合行驶。 (2)条件许可时也可另设非机动车道。道路两侧应设人行道,并可设置吸引人流的公共建筑物
支路	次干路与居住区的联络线为地区交通服务,也起集散交通的作用,两旁可以有人行道,也可以有商业性建筑

2. 按等级划分

根据国家的有关规定,道路还可划分为四级,见表2-2。

表2-2 城市道路按等级分类表

分类名称	内容说明
一级道路	(1)设计车速为60～80 km/h,机动车的车行道不少于4条,每条宽为3.75 m。 (2)非机动车的车行道宽度不小于6～7 m。 (3)机动车与非机动车的车行道之间必须设分隔带。道路总宽度为40～70 m。 (4)一级道路与其他道路交叉时,应设立体交叉,近期未能修建时,可预留用地
二级道路	(1)设计车速为40～60 km/h,机动车的车行道路不少于4条,每条宽为3.5 m。 (2)非机动车的车行道宽度不少于5 m。 (3)机动车与非机动车的车行道之间分隔带。道路总宽度为30～60 m
三级道路	(1)设计车速为30～40 km/h,机动车的车行道不少于2条,每条宽为3.5 m。 (2)非机动车的车行道宽度不少于5 m。 (3)机动车与非机动车的车行道之间可设分隔带。在设分隔带时,非机动车道的宽度不少于3 m。道路总宽度为20～40 m
四级道路	(1)设计车速为30 km/h以下,机动车的车行道不少于2条,每条宽为3.5 m。 (2)机动车与非机动车的车行道之间可设分隔带,道路总宽度为16～30 m

3. 按平面布置划分

根据国家《城市道路工程设计规范(2016年版)》(CJJ 37—2012)的有关规定,道路路幅类型主要有单幅路、双幅路、三幅路和四幅路。

(1)单幅路(图2-7)。单幅路是指机动车道与非机动车道不设分隔带,车行道为机非混合行驶。特点:机动车车行道条数不应采取奇数,一般道路上的机动车与非机动车的高峰时间不会同时出现(速度不同)公共汽车停靠站附近与非机动车相互干扰。其适用于机动车与非机动车混行,交通量均不太大的城市道路,对于用地紧张与拆迁较困难的旧城市道路采用的较多,适用于城市次干道和支路。

图2-7 单幅路示意

(2)双幅路(图2-8)。双幅路是指在车行道中央设一中央分隔带,将对向行驶的车流分隔开来,机动车可在辅路上行驶。特点:单向车行道的车道数不得少于2条。其适用于有辅助路供非机动车行驶的大城市主干路或设计车速大于5 km/h;横向高差较大或地形特殊的路段、城市近郊区,以及非机动车较少的区域都适宜采用双幅式路。

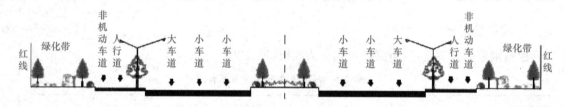

图2-8 双幅路示意

(3)三幅路(图2-9)。三幅路是用分隔带将车行道分为3部分,中央部分通行机动车辆,两侧供非机动车行驶。特点:机非分行,避免机动车和非机动车相互干扰,保障了交通安全,提高了机动车的行驶速度,占地较多,投资较大,公交乘客上、下车时需穿越非机动车道,对非机动车有干扰。其适用于路幅较宽,交通量较大,车速较高,非机动车多,混合行驶不能满足交通需要的主要干线道路。另外,当道路红线宽度小于40 m时,不宜修建三幅路,原因是车行道与人行道不能满足基本要求;当红线宽度为40 m修建三幅路时,车行道、人行道、绿化带、分隔带等均为最小宽度。

图2-9 三幅路示意

(4)四幅路(图2-10)。四幅路是在三幅路的基础上增加中央分隔带,形成机非分行,机动车分向行驶的交通条件。特点:机动车能以较高速度行驶,交通量大,交通安全,占地大,行人过街相对困难。非机动车多的主干道与快速路以及过境道路不但能避免机动车与非机动车的矛盾,并且也可以解决对向机动车行驶的矛盾,有条件的城市主干道可以逐步改建为四幅式断面。其适用于快速路与郊区道路。

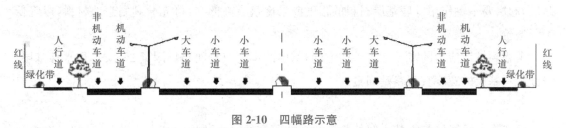

图 2-10　四幅路示意

2.2　常见路面结构

路面是指路基顶面以上行车道范围内用各种不同材料分层铺筑而成的一种层状结构物。其功能不仅是提供汽车能在道路上全天候行驶,而且要保证汽车以一定的速度,安全、舒适而经济地运行。

2.2.1　路面结构及其层次划分

根据使用要求、受力情况和自然因素等作用程度不同,将整个路面结构自上而下分成若干层次来铺筑,如图 2-11 所示为一个典型的路面结构示意。值得注意的是,实际上路面并不一定都具有那么多的结构层次。另外,路面各结构层次的划分也不是一成不变的。

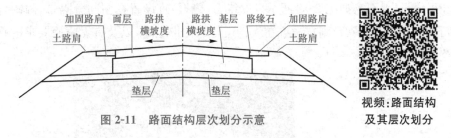

视频:路面结构
及其层次划分

图 2-11　路面结构层次划分示意

1. 面层

面层位于整个路面结构的最上层。其直接承受行车荷载的垂直力、水平力,以及车身后所产生的真空吸力的反复作用,同时,受到降雨和气温变化的不利影响最大,是最直接地反映路面使用性能的层次。因此,与其他层次相比,面层应具有较高的结构强度、刚度和稳定性,并且耐磨、不透水,其表面还应具有良好的抗滑性和平整度。道路等级越高、设计车速越大,对路面抗滑性、平整度的要求就越高。

2. 基层

基层位于面层之下,垫层或路基之上。其主要承受面层传递的车轮垂直力的作用,并把它扩散到垫层和土基,基层还可能受到面层渗水及地下水的侵蚀,故需选择强度较高,刚度较大,并有足够水稳性的材料。

用来修筑基层的材料主要有水泥、石灰、沥青等稳定土或稳定粒料（如碎石、砂砾），工业废渣稳定土或稳定粒料，各种碎石混合料或天然砂砾。

基层可分为1~3层铺筑，最上层称为基层或上基层，起主要承重作用；最下层则称为底基层，起次要承重作用。底基层材料的强度要求比基层略低些，可充分利用当地材料，以降低工程造价。

考虑到扩散应力的需要和施工的方便，基层的宽度应较面层每侧宽25 cm。透水性基层、级配粒料基层的宽度宜与路基同宽。

3. 垫层

垫层是介于基层与土基之间的层次。并非所有的路面结构中都需要设置垫层，只有在土基处于不良状态，如潮湿地带、湿软土基、北方地区的冻胀土基等，才应该设置垫层，以排除路面、路基中滞留的自由水，确保路面结构处于干燥或中湿状态。

垫层主要起隔水（地下水、毛细水）、排水（渗入水）、隔温（防冻胀、翻浆）作用，并传递和扩散由基层传递来的荷载应力，保证路基在容许应力范围内工作。垫层宽度每侧应比底基层宽25 cm，或与路基同宽。

4. 路缘石

路缘石是指设在路面边缘的界石，简称缘石。其是作为设置在路面边缘与其他构造带分界的条石。路缘石是公路两侧路面与路肩之间的条形构造物，因为形成落差像悬崖，所以，路缘石形成的条状构造也称为道崖。城市道路中一般称为侧平石。侧平石一般高出路面10~20 cm。

路缘石一般设置在中间分隔带、两侧分隔带及路侧带两侧。缘石可以分为立缘石（侧石）和平缘石（平石），如图2-12所示。立缘石（侧石）宜设置在中间分隔带、两侧分隔带及路侧带两侧。平缘石（平石）则宜设置在人行道与绿化带之间，以及有无障碍要求的路口或人形横道范围内。

图2-12 城市道路的侧石、平石示意

5. 路肩

路肩是指位于车行道外缘至路基边缘，具有一定宽度的带状部分（包括硬路肩与土路肩），为保持车行道的功能和临时停车使用，并作为路面的横向支承。图2-13所示为某乡镇道路，该道路两侧有明显的土路肩；图2-14所示为筑路工人正在进行某道路路肩的加固与整修。

图 2-13　乡镇道路(土路肩)　　　　　　　　图 2-14　路肩整修

6. 路拱横坡度

路拱即路面的横向断面做成中央高于两侧,具有一定坡度的拱起形状。路面表面做成直线或抛物线形,其作用是利用路面横向排水。不同类型路面的路拱横坡坡度略不相同,一般为 1‰~4‰。城市道路接功能分类见表 2-3。

表 2-3　城市道路按功能分类表

路面类型	路拱横坡度/%	路面类型	路拱横坡度/%
水泥混凝土路面、沥青混凝土路面	1.0~2.0	碎、砾石等粒料路面	2.5~3.5
其他黑色路面、整齐石块	1.5~2.5	低级路面	3.0~4.0
半整齐石块、不整齐石块	2.0~3.0		

常见的路拱形式有以下几种:

(1)直线形(或折线形)路拱[图 2-15(a)],适用于等级高的公路,因为它的平整度和水稳定性较好。

(2)抛物线形路拱[图 2-15(b)],适用于等级低的路面,因为它有利于迅速排除路表积水。

(3)直线加曲线形路拱,以上两种路拱形式的综合。

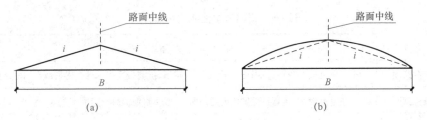

图 2-15　路拱形式

(a)直线形(或折线形)路拱;(b)抛物线形路拱

2.2.2　路面分级与分类

1. 路面分级

路面等级按面层材料的组成、结构强度、路面所能承担的交通任务和使用的品质划分为高级路面、次高级路面、中级路面和低级路面四个等级,见表 2-4。

表 2-4　路面分级及其适用等级

序号	名称	面层类型	所适用的公路等级
1	高级路面	水泥混凝土、沥青混凝土、厂拌沥青碎石、整齐石块或条石	高速、一级、二级
2	次高级路面	沥青灌入碎石、路拌沥青碎石、沥青表面处治、半整齐石块	二级、三级
3	中级路面	泥结或级配碎石、不整齐石块、其他粒料	三级、四级
4	低级路面	各种粒料或当地材料改善土,如炉渣土、砾石土、砾土和砂等	四级

(1)高级路面的强度和刚度高,能较好地抵抗车辆对路面的破坏或产生过大的形变;其稳定性好,使用寿命长,使路面强度在使用期内不致因水文、温度等自然因素的影响而产生幅度过大的变化,能适应繁重的交通量;平整无尘,以减小车轮对路面的冲击力,能保证车辆安全舒适地高速行驶;其养护费用少,运输成本低。但其基本建设投资大,需要质量较高的材料来修筑。

(2)次高级路面的强度和刚度较高,使用寿命较长,能适应较大交通量,行车速度也较高,造价低于高级路面。其路面强度、刚度、稳定性、使用寿命、车辆行驶速度,适应交通量等均低于高级路面,但要求定期修理,养护费用和运输成本也相对较高。

(3)中级路面的强度和刚度较低,稳定性较差,使用期限较短,平整度较差,易扬尘,仅能适应一般的交通量,行车速度低,需要经常维修和补充材料,方可延长使用年限。其造价虽然低廉,但养护工作量大,运输成本也高。

(4)低级路面的强度和刚度低,水稳性和平整度均差,易生灰,只能保证低速行车,适应的交通量较小,雨季有时不能通车。其造价虽然低廉,但要求经常养护维修,而且运输成本很高。

2. 路面分类

根据路面的力学性能,路面可分为柔性路面、刚性路面和半刚性路面三种,见表 2-5。

表 2-5　根据力学性能的路面分类

序号	名称	含义
1	柔性路面	是指刚度较小、抗弯拉强度较低,主要靠抗压、抗剪强度来承受车辆荷载作用的路面
2	刚性路面	是指刚度较大、抗弯拉强度较高的路面,一般指水泥混凝土路面
3	半刚性路面	用水泥、石灰等无机结合料处治的土或碎(砾)石及含有水硬性结合料的工业废渣修筑基层,在这种基层上铺筑沥青面层的路面称为半刚性路面,这种基层称为半刚性基层

(1)柔性路面的总体结构刚度较小,在行车荷载作用下的弯沉变形较大,路面结构本身抗弯拉强度较低,它通过各结构层将车辆荷载传递给土基,使土基承受较大的单位压力,路基路面结构主要靠抗压强度和抗剪强度承受车辆荷载的作用。柔性路面主要包括各种未经处理的粒料基层和各类沥青面层、碎(砾)石面层或块石面层组成的路面结构。因沥青混合料在配合比设计中有空隙率的考虑,在高温环境下,碎石作为骨架基本不动,其他的细微膨胀由预留

的空隙消化,即使多年的路面,空隙完全闭合,膨胀量也可以由沥青向上发展消化。更重要的是柔性路面的"柔",其本身就有一定的低温抗裂性能,这也是柔性路面优势之一,而且低温环境下发生的部分细微裂缝在高温环境下也能自身愈合。

(2)刚性路面也称为水泥混凝土路面。水泥混凝土的强度高,与其他筑路材料比较,其抗弯拉强度和弹性模量较其他各种路面材料要大得多,故呈现出较大的刚性。在行车荷载作用下,水泥混凝土结构层处于板体工作状态,竖向弯沉较小,其路面结构主要靠水泥混凝土板的抗弯拉强度承受车辆荷载。通过板体的扩散分布作用,传递给基础上的单位压力较柔性路面要小得多。

(3)半刚性路面前期具有柔性路面的力学性质,后期的强度和刚度均有较大幅度的增长,但是最终的强度和刚度仍远小于水泥混凝土,这种材料的刚性处于柔性路面与刚性路面之间。

2.2.3 路面构造做法

路面构造做法常采用断面结构大样图的形式表示。路面结构图的任务就是表达各结构层的材料和设计厚度。结合工程的实际情况,不同道路的路面结构设计不尽相同。

图 2-16 为某城市道路的横断面图及结构大样图。通过道路横断面图,可了解该道路的路幅形式及尺寸数据;通过结构大样图,可了解该道路的路面构造做法。

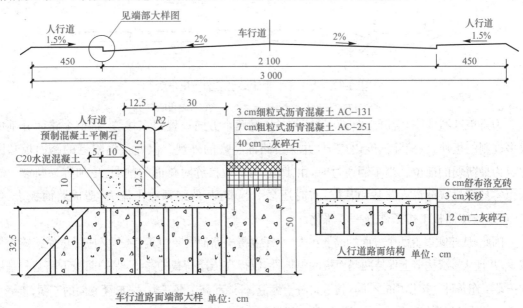

图 2-16 某城市道路结构大样图

从横断面图可以看出,该道路为单幅路,全宽为 30 m。其中,人行道宽度为 4.5 m,车行道宽度为 21 m。

从结构大样图中可以看出,该道路车行道路面从下至上依次为:厚度为 40 cm 的二灰碎石基层、厚度为 7 cm 的粗粒式沥青混凝土面层和厚度为 3 cm 的细粒式沥青混凝土面层;人行道结构从下至上依次为:厚度为 12 cm 的二灰碎石基层、厚度为 3 cm 的米砂层和厚度为 6 cm 的舒布洛克砖面层。车行道与人行道由侧石、平石分界,平石顶面与车行道顶面齐平,侧石顶面与人行道顶面齐平。

路面结构大样图的识读方法将在本模块 2.5 道路横断面图的内容与识读中具体阐述。

2.2.4 水泥混凝土路面接缝构造

目前采用最广泛的水泥混凝土路面是就地浇筑的素混凝土路面。素混凝土路面是指除接缝区和局部范围外,不配置钢筋的混凝土路面。其优点是强度高、稳定性好、耐久性好、养护费用少、经济效益高、有利于夜间行车;其缺点是对水泥和水的用量大、路面有接缝、养护时间长、修复较困难。

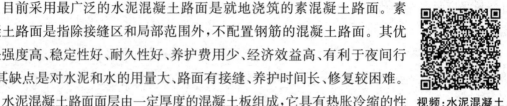

水泥混凝土路面面层由一定厚度的混凝土板组成,它具有热胀冷缩的性质。由于一年四季气温的变化,混凝土板会产生不同程度的膨胀和收缩。而在一昼夜中,白天气温高,混凝土板顶面温度较底面为高,会造成板的中部会隆起。如图 2-17 所示,夜间气温降低,板顶的温度较底面低,会使板的角隅和四周翘起。这些变形会受到板与基础之间的摩阻力和黏结力及板的自重和车轮荷载的约束,致使板内产生过大的应力,造成板的断裂或拱胀等破坏。由于翘曲而引起的裂缝发生后,被分割的两块板体尚不致完全分离,倘若板体温度均匀下降引起收缩,则将使两块板体被拉开,从而失去荷载传递作用。

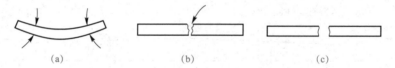

(a)   (b)   (c)

图 2-17　混凝土板由温差引起的变化示意
(a)弯曲;(b)破坏及开裂;(c)均匀温度下降使板断裂

为避免这些缺陷,混凝土路面不得不在纵、横两个方向设置很多接缝,将整个路面分割成很多规则的板块,以消除温度内应力,并保持路面整齐的外观。但是接缝附近的路面板却因此成为最薄弱的部位。当车辆通过时,由于边、角部位接缝对路面的削弱,更加容易断裂。雨水也容易穿过接缝渗入路基和基层,有时还会引起唧泥,使细颗粒土流失,造成路面板边、角脱空,以致使面板工作条件进一步恶化。

因此,从兼顾以上两个方面的需要出发,水泥混凝土路面既要设置接缝,又应尽量使接缝数量减少,并且从接缝构造上保持两侧面板的整体性,以提高传递荷载的能力,保护面板下路基与基层的正常工作条件。按作用的不同,接缝可分为缩缝、伸缝和施工缝三类;按布置方向的不同,接缝可分为纵向接缝(简称纵缝)和横向接缝(简称横缝)两种,如图 2-18 所示。

1. 纵向接缝(纵缝)

平行于道路中线(即行车方向)而设置的接缝称为纵向接缝(纵缝)。纵缝可分为纵向施工缝和纵向缩缝两种。

(1)纵向施工缝[图 2-19(a)]。当路面摊铺的一次铺筑宽度小于路面宽度时,应沿施工纵向分仓边缘设置纵向施工缝。其是按行车道宽度(一般为

3～4 m)来设置的,这对行车和施工都较方便。一般情况下,4个车道则设置3条纵缝。例如,某道路路面宽为9 m,摊铺机一次摊铺宽度为4.5 m,则该道路路面中间应设置一条纵向施工缝。为防止面板位移,应在水泥混凝土面板板厚中央处设置拉杆(钢筋),即平缝加拉杆型。

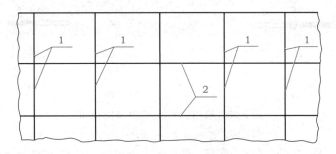

图 2-18 路面接缝设置

1-横缝;2-纵缝

(2)纵向缩缝[图 2-19(b)]。当路面摊铺的一次铺筑宽度大于容许板宽(一般为4.0～4.5 m)时,应设置纵向缩缝。纵向缩缝采用假缝形式,并宜在板厚中央设置拉杆。缩缝是在整体路面切割一条缝,由于该缝处混凝土厚度较小、较薄弱,当混凝土路面板在气温降低时引起横向收缩,因而拉开切割的缝隙,路面收缩时就在此处断裂,而不在内部产生拉应力,也不会导致路面产生不规则裂缝。缩缝施工时采用切缝法,即在混凝土达到设计强度的50%～70%时,用切缝机切割成缝,缝宽为3～5 mm。与其他接缝一样,纵向缩缝也需浇灌沥青填缝料,以防砂石杂物进入缝内。

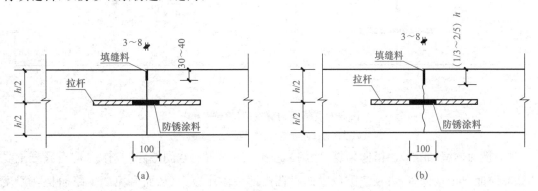

图 2-19 纵缝构造示意(单位:mm)

(a)纵向施工缝;(b)纵向缩缝

2. 横向接缝(横缝)

垂直于道路中线(即行车方向)而设置的接缝称为横缝。横缝可分为横向施工缝、横向缩缝和横向伸缝(胀缝)三种。

(1)横向施工缝。每天施工结束或当混凝土浇筑过程中因其他原因,如搅拌机突然发生故障一时难以修复,或下大雨等原因,施工作业无法进行时,必须设置横向施工缝。其位置应尽可能设置在横向缩缝或伸缝处。

视频:横向接缝

在缩缝处设置的横向施工缝应采用平缝加拉杆型;在两条缩缝中间设置的横向施工缝应采用企口缝加拉杆型,如图2-20所示。

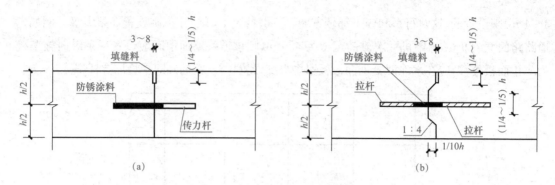

图 2-20　横向施工缝构造(单位:mm)

(a)设传力杆平缝型;(b)设拉杆企口缝型

(2)横向缩缝。横向缩缝又称为假缝,通常垂直于道路中心线方向等间距布置。

1)不设传力杆假缝型:铺筑时仅在面板的上部设缝槽,面板的收缩曲翘会使缝槽下的混凝土自行断裂,断裂表面凹凸不平,相互嵌锁,使之具有传递荷载的能力,如图 2-21(a)所示。

2)设传力杆假缝型:与纵向缩缝构造一致,在面板板厚中央处设置传力杆,其余与不设传力杆假缝型的设置一样。特重和重交通道路、收费广场及邻近伸缝或自由端部的 3 条缩缝,应采用此种形式,如图 2-21(b)所示。

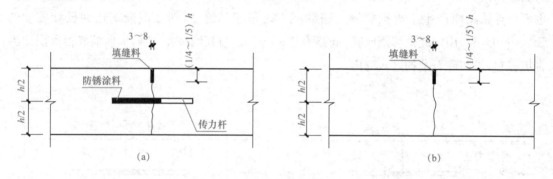

图 2-21　横向缩缝构造(单位:mm)

(a)设传力杆假缝型;(b)不设传力杆假缝型

(3)横向伸缝(胀缝)。横向伸缝(胀缝)是施工时预留的空间缝隙,其作用是当混凝土受热膨胀时能自由地伸张,占领空隙位置而不在内部产生压应力,从而避免产生路面板在温度高时产生拱胀和折裂破坏,同时,伸缝也能起到收缩缝的作用。

1)传力杆式:对于交通繁忙的道路,为保证混凝土板之间能有效地传递荷载,防止形成错台,可在伸缝处板厚中央设置传力杆。施工时,应在伸缝位置混凝土板顶部放置压缝板条。待混凝土凝固后,压缝板应及时拔出,然后灌入填缝料。通常,在滑动传力杆的一端需加套管。如图 2-22(a)所示。在同一条伸缝上的传力杆,设有套筒的活动端最好在缝的两边交错布置。

2)枕垫式:由于设置传力杆需要钢材,故有时不设传力杆,而在板下用强度等级较低的素混凝土(如强度等级 C10)或其他刚性较大的材料,铺成断面为梯形或矩形的枕垫,如图 2-22(b)所示。为防止水经过伸缝渗入基层和土层,还可以在板与枕垫或基层之间铺一层或两层油毛毡或沥青砂。

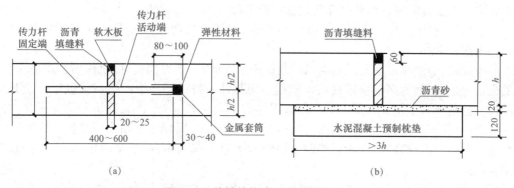

图 2-22 伸缝的构造形式(单位:mm)

(a)传力杆式;(b)枕垫式

2.3 道路平面图的内容与识读

城市道路平面图是应用正投影的方法,先根据标高投影(等高线)或地形地物图例绘制出地形图,然后将道路设计平面的结果绘制在地形图上,该图样称为道路平面图。道路平面图是用来表现城市道路的方向、平面线形、两侧地形地物情况、路线的横向布置、路线定位等内容的主要图样。

路线平面图是从上向下投影所得到的水平投影图,也就是用标高投影的方法所绘制的道路沿线周围区域的地形、地物图。路线平面图所表达的内容,包括路线的走向和平面状况(直线和左右弯道曲线),以及沿线两侧一定范围内的地形、地物等情况。由于道路是修筑在大地表面一段狭长地带上的,其竖向起落和平面弯曲情况都与地形紧密相关,因此,路线平面图是采用在地形图上进行设计绘制的以路线中心线为准,拼凑起来的示意图,如图 2-23 所示。

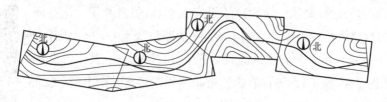

图 2-23 路线图幅拼接示意

2.3.1 道路平面图的内容

1. 地形地物部分

(1)图样比例选择。对于道路平面图的图样比例选择,各种书籍等参考资料或道路本身的标准并不一致,主要取决于该平面图所要求反映的道路平面范围。比例选择应以能清晰表达图样为准。

公路路线平面图,一般为 1∶5 000(平原区)～1∶2 000(山岭区),城市道路路线平面图比例一般为 1∶1 000～1∶500。如图 2-24、图 2-25 中的道路都处于丘陵地带,比例均为 1∶2 000。

(2)方位确定。为了表明该地形区域的方向及道路路线的走向,地形图样中需要箭头表

视频:图样比例选择、方位确定

示其方位。**方位确定的方法有坐标网或指北针两种。**

1）坐标网：在图样中绘出坐标网并注明坐标（如 X 轴为南北方向，Y 轴为东西方向），目前较少采用这种形式。

2）指北针：道路路线平面图通常以指北针表示方向，有了方向指标，就能表明道路所在地区的方位与走向，并为图纸拼接校核作依据。指北针一般在图样中的适当位置按标准画出，如图样左上角或右上角。如图 2-24 所示，图样右上角为指北针，针尖所指方位为正北方向。据此判断，该段道路走向大致为东西走向；如图 2-25 所示，图样左上角为指北针，针尖所指方位为正北方向。据此判断，该段道路前半段走向大致为东西走向，后半段走向大致为西北—东南走向。

（3）地形地物。在平面图上除表示路线本身的工程符号外，还应绘出沿线两侧的地形地物。

1）地形。**地形是指地面的高低起伏情况，一般采用等高线或地形点表示。**由于城市道路一般比较平坦，因此，多采用大量的地形点来表示地形高程。如图 2-24 所示，图中正前方有一座山丘（用等高线表示），图样的左上部分图样内容并不是自然形成的地形，而是人工修筑的堤岸，因此，采用了较多的小"▼"表示测点，其标高数值注写在符号的右侧；同样，山脚下河套地带有名为"石门"的城镇或村落（图样的下半部分有较多矩形阴影块的地方，表示房屋建筑聚集），也采用了较多的地形点来表明该地区的标高。本图是待建的道路，在山腰下方依山势以"S"形通过该村镇。如图 2-25 所示，图中东北方向有一座山丘，因等高线间隔不大，可以看出其地势较为平缓；山脚下有一个名为"马村"的村庄，修筑的道路从山脚下村庄旁穿过，途径清水河上的一座桥梁，并穿过一片旱地。

2）地物。**地物是指各种建筑物如电杆、桥涵、挡土墙、铁路、房屋村庄等，均以各种简明图例表示，**在图中可了解路线与附近的地形地物之间的关系。另外，还应在图框边缘沿图线方向用箭头注明所连接的城镇对道路的改建、需拆除的各种建筑物如电杆、房屋、果树、渠道等，均需在图上清楚地表示。地物情况一般采用图例表示，通常使用标准规定的图例，如采用非标准图例时，需要在图样中注明，道路平面图中的常用图例和符号见表 2-6，道路工程常用图例见表 2-7。

（4）水准点：道路沿线每隔一定距离均设有水准点，位置及编号应在图中注明，以便控制路线高程。如图 2-24 所示，在道路路线下方，可以识读到两个水准点，分别为 BM_2——其水准高程为 741.13；BM_3——其水准高程为 742.84。如图 2-25 所示，在图样右边的道路路线附近，可以识读到水准点 BM_2，其水准高程为 581.024。

视频：地形地物、水准点

2. 路线部分

（1）规划红线。道路的用地与城市其他用地的分界线，一般采用粗双点长画线表示。红线之间的宽度也就是城市道路的总宽度。规划红线范围内为道路用地，一切不符合设计要求的建筑物、构筑物，各种管线等均需拆除。图 2-24 和图 2-25 的比例较小，故无法单独绘出规划红线。

（2）道路中心线。一般采用细单点长画线表示，各种车道、人行道、分隔带均可按比例绘制。当平面图比例较小时，路线宽度无法按实际尺寸绘出，故需采用加粗实线。

视频：道路中心线

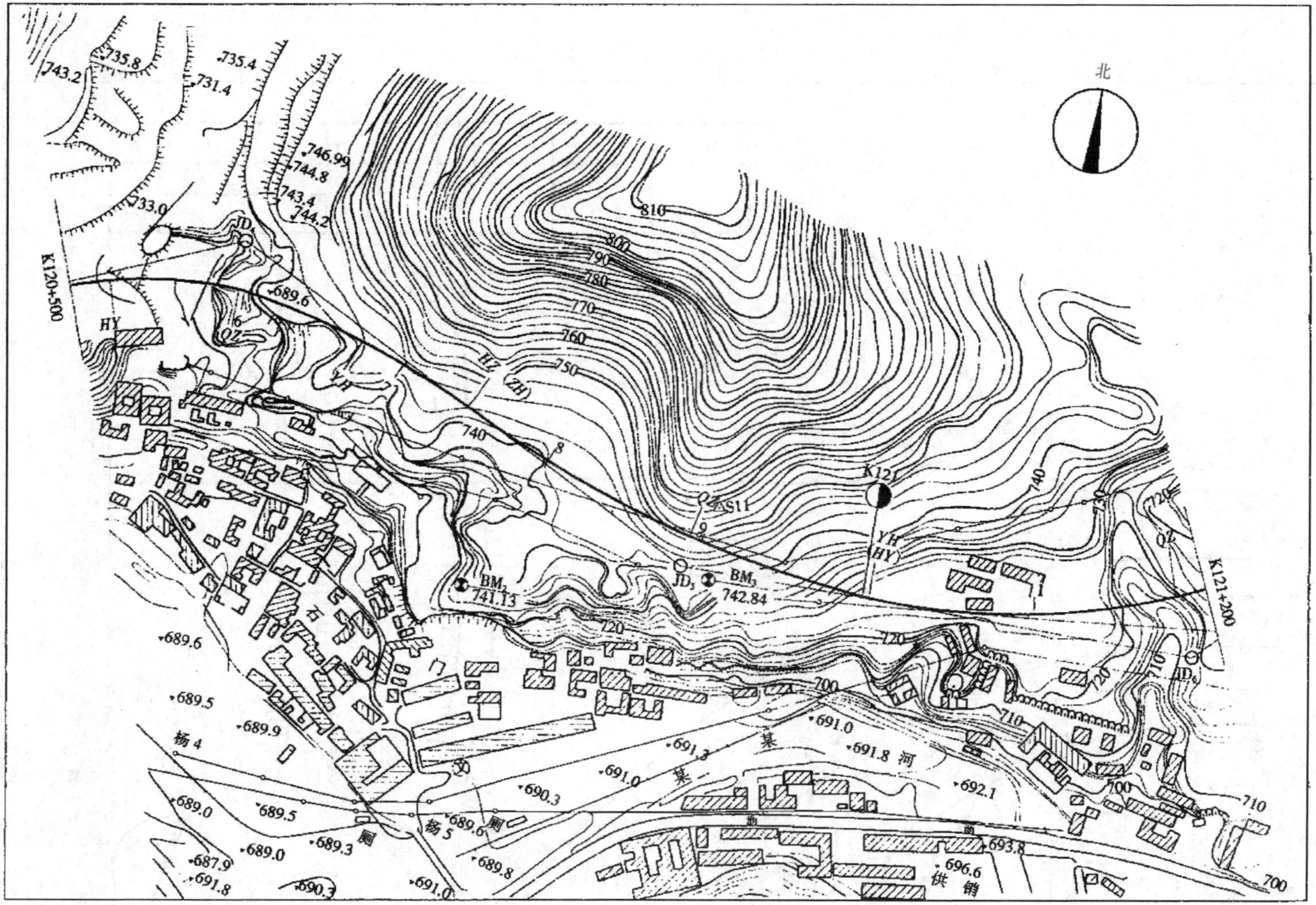

图 2-24 某道路路线平面图(一)

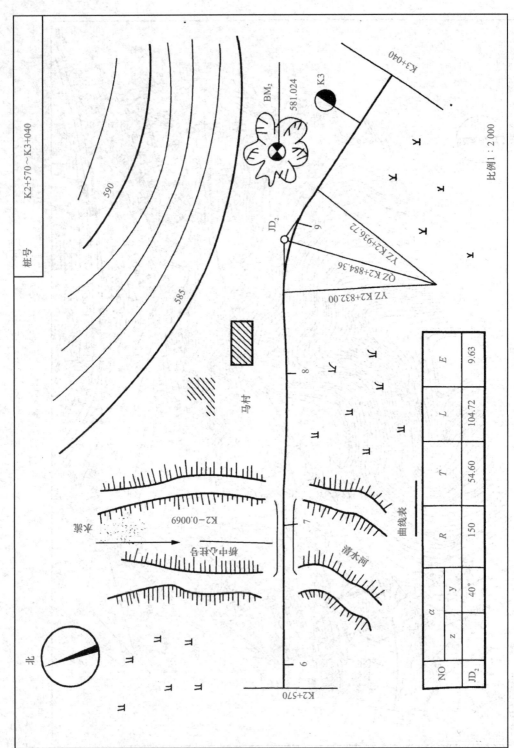

图 2-25 某道路路线平面图图（二）

表 2-6 道路平面图中的常用图例和符号(部分)

名称	图例	名称	图例	名称	图例	名称	符号
浆砌块石	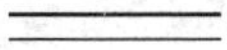	房屋	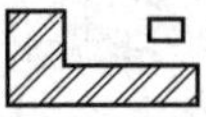 独立 成片	用材料	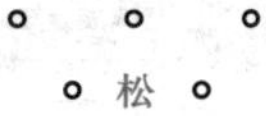 松	转角点	JD
						半径	R
水准点	 BM编号 高程	高压电线		围墙		切线长度	T
						曲线长度	L
导线点	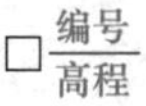 编号 高程	低压电线		堤		缓和曲线长度	L
						外距	E
转角点	 JD编号	通信线		路堑		偏角	α
						曲线起点	ZY
铁路		水田		坟地		第一缓和曲线起点	ZH
						第一缓和曲线终点	HY
公路		旱地				第二缓和曲线起点	YH
				变压器			
大车道		菜地				第二缓和曲线终点	HZ

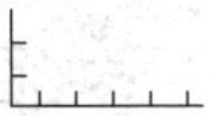

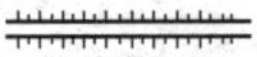

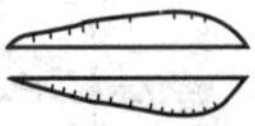

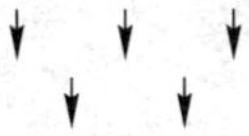

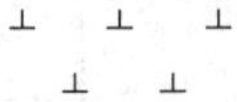

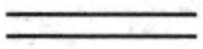

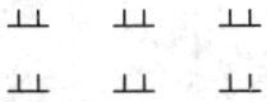

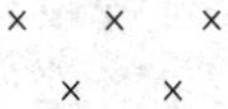

39

表 2-7　道路工程常用图例（部分）

项目	序号	名称	图例	项目	序号	名称	图例
平面	1	涵洞		纵断	12	箱涵	
	2	通道			13	管涵	
	3	分离式立交 a. 主线上跨 b. 主线下穿			14	盖板涵	
	4	桥梁（大、中桥梁按实际长度绘）			15	拱涵	
	5	互通式立交（按采用形式绘）			16	箱型通道	
	6	隧道			17	桥梁	
	7	养护机构			18	分离式立交 a. 主线上跨 b. 主线下穿	
	8	管理机构					
	9	防护网			19	互通式立交 a. 主线上跨 b. 主线下穿	
	10	防护栏					
	11	隔离墩					

直接表示设计路线,即道路中心线,一般采用加粗的粗实线来表示。图 2-24 和图 2-25 均属于这种情况。

由于道路的宽度相对于长度来说尺寸要小得多,为了表达道路宽度,通常也需绘制较大比例的平面图,在这种情况下,道路中心线采用单点细长画线表示(图 2-26),中央分隔带边缘采用细实线表示,路基边缘线采用粗实线表示等。

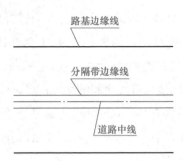

图 2-26　较大比例平面图中的道路图线

(3)图线桩号。里程桩号反映了道路各路段长度及总长,一般在道路中心线上自路线起点到终点按前进方向编写。注写方式包括以下两种:

1)垂直于道路中心线方向引出一细直线,再在图样边上注写里程桩号。如图 2-24 中的"K121"表示该处距离路线起点位置为 121 km。

2)直接注写于道路中心线上。如图 2-27 所示,里程桩号被直接标注在道路中心线上方,如"K0+660"表示该处距离路线起点位置为 660 m。

视频:图线桩号

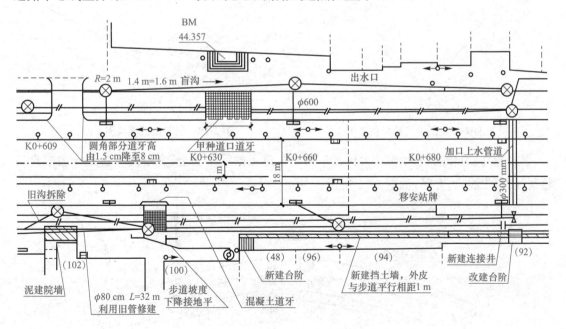

图 2-27　某城市道路平面设计图

(4)平曲线。**道路路线在平面上是由直线段和曲线段组成的,在路线的转折处应设平曲线。**如图 2-24 所示,该道路路线中有 JD$_4$、JD$_5$、JD$_6$ 三处平曲线。这里以圆曲线和缓和曲线为例,对道路平曲线的几何要素进行说明。

1)圆曲线:最常见的较简单的平曲线为圆弧,其基本的几何要素如图 2-28 所示。JD 为交角点,是路线的两直线段的理论交点;α 为转折角,是路线前进时向左(或向右)偏转的角度;R 为圆曲线半径,是连接圆弧的半径长度;T 为切线长,是切点与交角点之间的长度;E 为外距,是曲线中点到交角点的距离;L 为曲线长,是圆曲线两切点之间的弧长。其中,ZY(YZ)——直圆(圆直)交点,即圆曲线与直线之间的交点;QZ——曲中,即圆曲线的交点。

如图 2-25 所示,道路该路段具有一个圆曲线,其编号为 JD$_2$。根据图样左下方的曲线表可知,该圆曲线的转折角 $\alpha=40°$,圆曲线半径 $R=150$ m,切线长 $T=54.60$ m,曲线长 $L=104.72$ m,外距 $E=9.63$ m。

2)缓和曲线:如图 2-29 所示,JD、a、R、T、E 与圆曲线中表达含义一致,其中 HZ(ZH)——缓直交点,即缓和曲线与直线之间的交点;HY(YH)——缓圆交点,即缓和曲线与圆曲线之间的交点;QZ——曲中,即缓和曲线的交点。

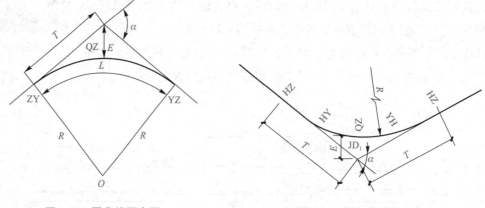

图 2-28　圆曲线要素图　　　　　图 2-29　缓和曲线要素图

(5)超高、缓和曲线、加宽。为保证车辆在弯道上的行车安全,在道路弯道处一般应设计超高、缓和曲线、加宽等,如图 2-30 所示。

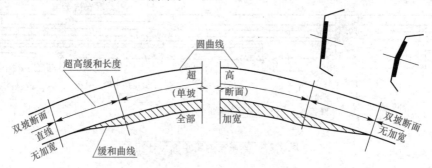

图 2-30　超高、缓和曲线、加宽示意

1)超高。车辆在曲线路段上行驶时受到离心力的作用,为了抵消离心力,一般在曲线段横断面上设置路段的外侧高于内侧,这种单向横坡被称为超高。当汽车在设有超高的弯道上行驶时,汽车的自重分力就会抵消一部分离心力,从而提高了弯道上行车的安全性和舒适性,如图 2-31、图 2-32 所示。

图 2-31　某道路超高段

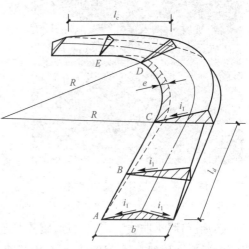

图 2-32　道路超高设计示意

2)缓和曲线。由于地形或其他原因,为了在圆曲线和直线之间形成一个缓冲,使得道路线性更平顺,需要在直线和圆曲线之间加设一种半径逐渐变化的曲线——缓和曲线。缓和曲线在与直线接头处的半径无限大,而在与圆曲线接头处,其半径与圆曲线相等。因此,缓和曲线就起到了平顺连接圆曲线和直线的作用,是圆曲线与圆曲线之间设置的曲率连续变化的曲线。其目的是通过曲率的逐渐变化,适应汽车转向操作的行驶轨迹及路线的顺畅,缓和行车方向的突变和离心力的突然产生;使离心加速度逐渐变化,不致产生侧向冲击;作为超高变化的过渡段缓和超高,以减少行车震荡,如图 2-33、图 2-34 所示。

图 2-33　某道路缓和曲线段

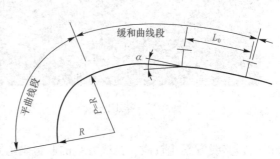

图 2-34　道路缓和曲线示意

3)加宽。汽车在弯道上行驶时,各个车轮的行驶轨迹不同,在弯道内侧的后轮行驶轨迹半径最小,而靠近弯道外侧的前轮行驶轨迹半径最大。当转弯半径较小时,这一现象表现得更为突出。为了保证汽车在转弯时不侵占相邻车道,凡小于 250 m 半径的曲线路段均需要加宽。如图 2-35、图 2-36 所示。

图2-35　某道路弯道加宽段

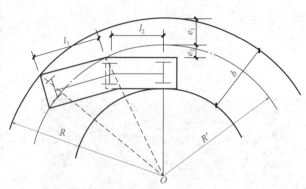

图2-36　铰接式车辆在平曲线上的加宽示意

（6）道路回头曲线。当路线起、终点位于同一很陡的山坡面，为了克服高差过大，一方面要顺山坡逐步展线；另一方面又需一次或多次地将路线折回到原来的方向，形成"之字形"路线。这种顺地势反复盘旋而上的展线，往往会遇到路线平面转折角大于90°或是接近180°。按通常设置平曲线方法，曲线长度会过短，纵坡会过大。为了克服这种情况，常采取在转角顶点的外侧设置回头曲线的方法来布置路线。**道路回头曲线多出现于山区公路，城市道路中较少采用，**如图2-37、图2-38所示。

图2-37　某山区道路

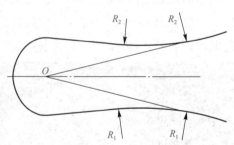

图2-38　道路回头曲线示意

（7）路线方案比较线。路线方案的取舍是道路路线设计中的重要问题，方案是否合理，不仅直接关系到道路本身的工程投资和运输效率，而且会影响到路线在道路网中的作用，直接关系到是否满足国家政治、经济及国防的要求和长远利益。**方案比较是选线中确定路线总体布局的有效方法，**有时为了对路线走向进行综合分析比较，常在图线平面图上同时绘制出路线方案比较线（一般用虚线表示）以供选线设计比较，如图2-39所示。

图 2-39　道路路线方案比较线

2.3.2　道路平面图识读

道路平面图的识读可按以下过程进行：

（1）首先了解地形地物情况：根据平面图图例及等高线的特点，了解图样反映的地形地物状况、地面各控制点高程、构筑物的位置、道路周围建筑的情况以及性质、已知水准点的位置及编号、坐标网参数或地形点方位等。

（2）阅读道路设计情况：依次阅读道路中心线、规划红线、机动车道、非机动车道、人行道、分隔带、交叉路口及道路中曲线设置情况等。

（3）了解道路方位及走向，路线控制点坐标、里程桩号等。

（4）根据道路用地范围了解原有建筑物及构筑物的拆除范围，以及拟拆除部分的性质、数量，所占农田的性质及数量等。

（5）查出图中所标注水准点位置及编号，根据其编号查出该水准点的绝对高程，以备日后在施工过程中进行道路高程控制。

（6）结合路线纵断面图掌握道路的填挖工程量。

【例 2-1】　如图 2-1 所示，识读某城市道路平面图（暂不考虑交叉口）。

【分析】　图 2-1 所示为某城市道路的平面设计图，不是路线平面图，图中未提供等高线或地形点、地物或周围构筑物等信息，所以通过识读该平面图可以了解该道路的设计情况，以及方位走向、里程桩号等信息。

【读图】　位于图中的单点画细线是该道路中心线，线上每间隔一定距离，直接标有里程桩号。从里程桩号可以了解该段道路的施工标段为 K0+000～K0+300。

根据图中贯穿道路横向的引出文字标识，可以了解：以道路中心线为准，向两边对称分布机动车道、分隔带、非机动车道和人行道，其设计宽度分别为 24 m、2 m、5 m、6 m。另外，在人行道上靠近侧石的位置，平行于道路中心线方向设置了尺寸为 1.25 m×1.25 m 的矩形树池，其布置间距为相邻两个树池的中心点相距 6 m。

视频：【例 2-1】

根据平面图右上角的指北针，可以了解：该段道路为东西走向，且全路段为直线设计，未出现平曲线。

2.4 道路纵断面图的内容与识读

城市道路的纵断面是指沿车行道的中心线,用假想的铅垂面进行剖切,展开后进行正投影所得到的图样。纵断面图主要反映道路沿纵向的设计高程变化、地质情况、填挖情况、原地面标高、桩号等多项图示内容及其数据。在纵断面图上有两条主要的线:一条是地面线,它是根据中线上各桩点的高程而点绘的一条不规则的折线,反映了沿中线地面的起伏变化情况;另一条是设计线,它是经过技术上、经济上及美学上诸多方面比较后定出的一条有规则形状的几何线,它反映了道路路线的起伏变化情况。

2.4.1 道路纵断面图的内容

城市道路路线纵断面图主要包括图样和测设数据表两大部分。图样应布置在图幅上部,测设数据应布置在图幅下部;下面以图 2-40 为例,分析道路纵断面图的图示内容。

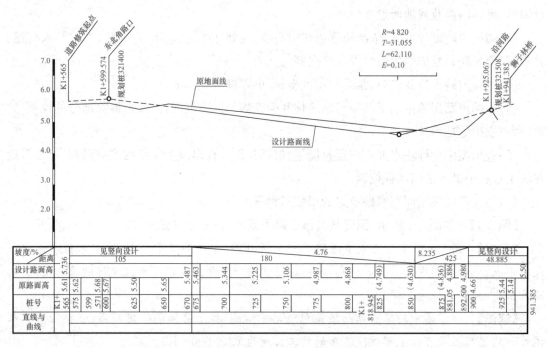

图 2-40 某道路纵断面图(一)(竖 1∶50,水平 1∶1 000)

1. 图样部分

因为路线纵断面是采用沿路中心线垂直剖切并展开后投影所形成的图样,所以,它的长度就是路线的长度。图中水平方向表示长度,竖直方向表示高程。

由于路线与地面竖直方向的高差比水平方向的长度小很多,如果用同一比例绘制,则很难将高差表示出来。为了清晰地表达路线与地面垂直方向的高差,绘制纵断面图时,通常对水平方向的长度与竖直方向的高程采用不同的比例。如图 2-40 所示,竖直方向的绘图比例比水平方向的绘图比例放大20倍,竖直方向采用1:50,水平方向采用1:1 000,这样绘制出的路线坡度就比实际大,看上去也较为明显。

(1)**原地面线**:图中不规则的折线表示设计道路中心线处的地面线,由一系列中心桩的实测地面高程依次连接而成,可与设计高程结合反映道路的填挖状态。原地面线一般用细实线绘制出。

(2)**路面设计高程线**:简称设计线,在纵断面图中道路的设计线采用比较规则的直线与曲线组成的粗实线表示,它反映了道路路面中心的高程。设计线是根据地形起伏和公路等级,按相应的工程技术标准确定的。

(3)**高程标尺**:为了便于画图和读图,一般还应在纵断面图的左侧按竖向比例画出高程标尺。高程标尺与图样部分结合,可清晰地反映道路纵向的起伏范围。如图2-40所示,道路该路段的纵向起伏情况最低处为4.7 m左右,最高处为6.0 m左右。整路段的高程变化不到1.5 m。

视频:地面线、高程标尺

(4)**竖曲线**:设计线是由直线和竖曲线组成的。当设计路面纵向坡度变更处的两相邻坡度之差的绝对值超过一定数值时,为了有利于车辆行驶,按技术标准的规定,应在设计线纵坡变更处设置圆形竖曲线。竖曲线应采用粗实线表示,变坡点应用直径为2 mm的中粗线圆圈表示,如图2-41所示。

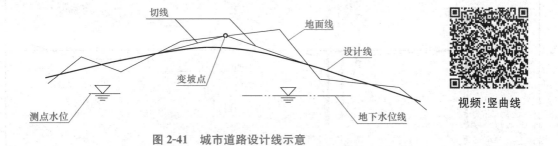

图2-41 城市道路设计线示意

竖曲线的几何要素(半径R、切线长T、外距E)的数值均应标注在水平细实线上方。竖曲线标注也可布置在测设数据表内,此时,变坡点的位置应在坡度、距离栏内标出,如图2-42所示。

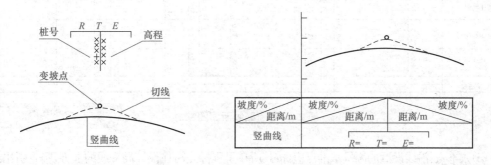

图2-42 竖曲线的几何要素与标注

竖曲线可分为凸形和凹形两种,在图中分别用"⌐_⌐"和"⌐_⌐"的符号表示。符号中心的竖线应对准变坡点,可在竖线左侧标注变坡点的里程桩号,在竖线右侧标注变坡点的高程。符号的水平线两端应对准竖曲线的起点和终点,将竖曲线要素(半径 R、切线长 T、外距 E)的数值标注在水平线上方。

如图 2-40 所示,某城市道路纵断面图(一)中的凹形竖曲线:$R=4\,820$ m,$T=31.055$ m,$L=62.110$ m,$E=0.10$ m。如图 2-43 所示,凸形竖曲线变坡点的里程桩号为 K2+81.00,高程为 580.92 m,竖曲线 $R=20\,000$ m,$T=50$ m,$E=0.063$ m。竖曲线符号的长度与该曲线的水平投影等长。

(5)道路沿线构筑物:道路沿线的工程构筑物如桥梁、涵洞、立交桥、通道等,应在设计线的上方或下方相应位置以相关图例绘出,并用竖直引出线标注,竖直引出线应对准构筑物的中心位置,并标注出构筑物的名称、规格和里程桩号等。如图 2-43 中,道路沿线经过一座 3 m×13 m 钢筋混凝土空心板桥,桥梁的中心位置桩号为 K2+690.00。图中清晰地绘出了该桥梁所跨越河流的河床断面线。

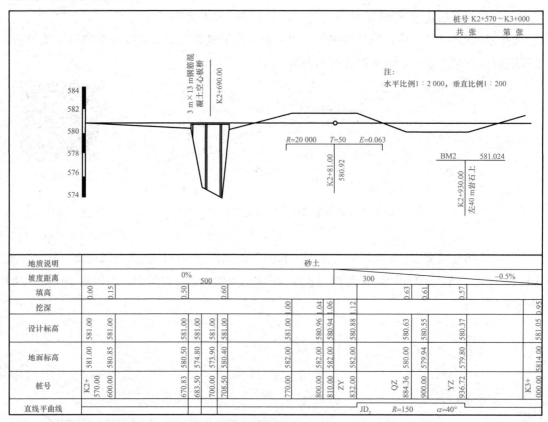

图 2-43 某道路纵断面图(二)

(6)水准点:沿线设置的测量水准点应,按其所在里程标注写在设计高程线的上方,竖直引出线对准水准点,左侧注写里程桩号,右侧写明其位置,水平线上方注出其编号和高程。如图 2-43 中,水准点 BM₂ 设置在距离里程桩号 K2+930.00 左边 40 m 处的岩石上,其高程为 581.024 m。

2. 测设数据表部分

城市道路路线纵断面图的资料表设置在图样下方并与图样对应,其格式可分为多种,有简单也有复杂,视道路路线的具体情况而定。为了便于对照查阅,资料表与图样应上下竖直对正布置,一般列有地质情况、坡度与距离、挖(坡长)填高度、标高C高程、设计高程、里程桩号及平曲线等。

(1)**地质情况**:根据实测资料中道路路段的土质变化情况,在图中注出沿线各段的土质名称,为设计、施工提供资料。如图2-43所示,反映的该路段的土质情况全程均为砂土。

(2)**坡度与距离(坡长)**:标注设计线各段的纵向坡度和距离(坡长)。坡度=高差/水平距离,上坡为"+"、下坡为"-";距离是指相应坡度所经过的路段的水平长度。表格中的对角线表示坡度方向,左下至右上表示上坡,左上至右下表示下坡;对角线上方数字表示坡度,下方数字表示坡长,坡长以m为单位。如图2-43所示,坡度与距离一栏的第一格的标注"0%/500",表示从道路起点至桩号K2+81.00处路段没有纵坡,坡度为0,路线水平长度为500 m;第二格的标注"-0.5%/300",表示从桩号K2+81.00至道路终点处路段有纵坡,按路线前进方向是下坡,坡度为0.5%,路线水平长度为300 m。

视频:地质、坡度

(3)**标高(高程)**:表中有原地面标高和设计标高两栏。原地面标高为实测的原始资料,根据测量结果填写,单位为m;设计标高根据设计坡度、水平距离和竖曲线要素计算得出,单位为m。如图2-43所示,它们应和图样互相对应,分别表示地面线和设计线上各点(里程桩号)的高程。

(4)**填挖高度**:反映设计标高与原地面标高的高差,一般"+"为填,"-"为挖。设计线在地面线下方时需要挖土,设计线在地面线上方时需要填土,挖或填的高度值应是各点(桩号)对应的设计高程与地面高程之差的绝对值。如图2-43所示,桩号K2+600.00处的设计标高为581.00 m,地面标高为580.85 m,则其填挖高度为581.00-580.85=0.15(m)(填土);桩号K2+800.00处的设计标高为580.96 m,地面标高为582.00 m,则其填挖高度为580.96-582.00=-1.04(m)(挖土)。

(5)**里程桩号**:沿线各点的桩号是按测量的里程数值填入的,单位为m,桩号从左向右排列。一般设置km桩号、100 m桩号(或50 m桩号)、构筑物位置桩号及路线控制点桩号等。在平曲线的起点、中点、终点和桥涵中心点等处可设置加桩。桩号、设计标高、地面标高、填高、挖深数值的字底应对准相应桩号。

视频:高程、填挖、桩号

(6)**平曲线**:为了表示该路段的平面线形,通常在表中绘制出平曲线的示意图。直线段用水平线表示,道路左转弯用凸折线表示,如"⌐_⌐",右转弯用凹折线表示,如"⌐_⌐"。当路线转折角小于规定值(一般为5°)时,可不设平曲线,但需绘制出转折方向,"∧"表示左转弯,"∨"表示右转弯。通常还需标注出交角点编号、偏角角度值和曲线半径等平曲线各要素的值。如图2-40所示,道路没有平面弯曲变化,故没有平曲线;如图2-43所示,JD₂为右转平曲线,曲线半径$R=150$ m,转折角$\alpha=40°$,直圆点ZY和圆直点YZ的桩号为K2+832.00和K2+936.72。

视频:纵断面图中的平曲线

道路的路线纵断面图和路线平面图一般安排在两张图纸上,由于高等级公路的平曲线半径较

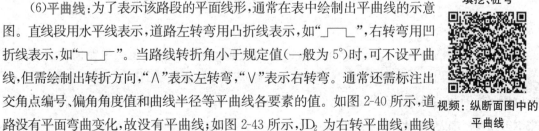

大,路线平面图与纵断面图长度相差不大,则可以绘制在同一张图纸上,阅读时便于相互对照。

2.4.2　道路纵断面图识读

城市道路路线纵断面图应根据图样部分、测设数据部分结合识读,并与城市道路平面图对照,得出图样所表示的确切内容。

道路纵断面图的识读可按以下过程进行:

(1)找到图样的纵、横比例并读懂道路沿线的高程变化,对照资料表了解道路的确切高程。

(2)识读竖曲线起止点对应的里程桩号,图样中竖曲线的符号与竖曲线本身长短对应,读懂图样中注明的各几何要素。

(3)确定路线中的构筑物,识读其图例、编号、所在位置桩号等。

(4)找出沿线设置的已知水准点,并根据编号查出已知高程;根据里程桩号、路面设计标高和原地面标高,识读道路路线的填挖情况。

(5)根据资料表中的坡度、坡长及平曲线示意图及相关数据,读懂路线线形的空间变化情况。

【例 2-2】　如图 2-2 所示,识读某城市道路纵断面图。

【读图】　根据图 2-2 中的注解 2 可以了解,本纵断面图横向比例 1∶1 000,竖向比例 1∶100。结合上方高程标尺和下方数据表中的"现地高程"及"设计高程"数据可知,该路段原地面高程位于 70~71 m;设计路面高程位于 71~72 m。

视频:【例 2-2】

根据图 2-2 上方的竖曲线标识可以了解,该路段从桩号 K0+142~K0+258 有一凹形竖曲线,其半径 $R=80\,000$ m,切线长 $T=58$ m,外距 $E=0.021$ m。

从图 2-2 可知,该路段沿线未标明任何构筑物。图中未标明水准点位置。该路段起点桩号为 K0+15.01,终点桩号为 K0+300。根据图样中的"现状地面线"和"设计地面线",结合数据表中的"现地高程"及"设计高程"数据,可以了解该路段在纵断面处的土方全部为挖方。

从数据表的"高差/距离/坡度/"行可知,该路段分为两段下坡,分别是:桩号 K0+000~K0+200,高差为 0.89 m,水平距离为 200 m,坡度 $i=0.445\%$;桩号 K0+200~K0+300,高差为 0.33 m,水平距离为 100 m,坡度 $i=0.33\%$。从数据表的"平面线形"行可知,全路段平面为直线,无转弯情况。

2.5　道路横断面图的内容与识读

道路横断面图是指垂直于道路中心线方向的断面。公路与城市道路横断面的组成有所不同。公路横断面的主要组成有车行道(路面)、路肩、边沟、边坡、绿化带、分隔带、挡土墙等;城市道路横断面的组成有车行道(路面)、人行道、路缘石、绿化带、分隔带等。在高路堤和深路堑的路段,还包括挡土墙。

2.5.1 道路路基横断面图

道路路基是指路面以下由土石材料修筑的,与路面共同承受行车荷载和自然力作用的条形结构物。道路路基可利用自然形态加以修整或人工铺筑,前提是要满足两个条件:一是原地面形态与设计路面形态相似;二是自然土石条件符合路基的使用要求。根据道路的设计标高(公路为路基边缘线;城市道路为道路中心线)和横断面土石方的不同填挖情况,路基横断面有路堤式(填方路基)、路堑式(挖方路基)、半填半挖式三种基本形式。

1. 道路路基断面形式

(1)路堤。路堤是指路基顶面高于原地面,全部用岩土填筑而成的填方路基,是交通运输工程道路建设中常见的一种道路横断面形式。如图 2-44 所示,在图示下方标注有该断面的里程桩号、中心线处的填方高度及该断面的填方面积。

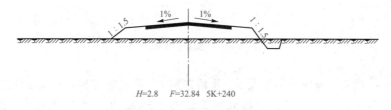

图 2-44 路堤(填方路基)

路堤按填土高度的不同,一般又可分为矮路堤和高路堤。填土高度小于 1.5 m 的路堤属于矮路堤;填土高度大于 18 m(土质)或 20 m(石质)的路堤属于高路堤。随着路堤所处的条件和加固类型的不同,还有浸水路堤、护脚路堤及挖沟填筑路堤等形式,非以上特殊情况的路段是普通路堤,如图 2-45 所示。

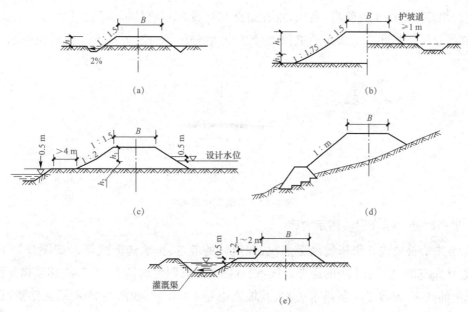

图 2-45 路堤的几种常用横断面形式

(a)矮路堤;(b)普通路堤;(c)浸水路堤;(d)护脚路堤;(e)挖沟填筑路堤

(2)路堑。路堑是指路基顶面低于原地面,全部在原地面开挖而成的挖方路基。其能起到缓和道路纵坡或越岭线穿越岭口控制标高的作用。如图 2-46 所示,在图示下方标注有该断面的里程桩号、中心线处的挖方高度及该断面的挖方面积。路堑横断面的基本形式包括全挖式路基、台口式路基、半山洞式路基等。

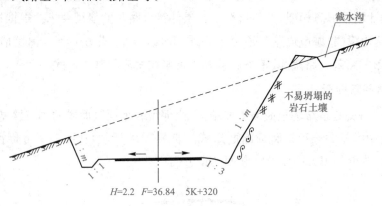

图 2-46　路堑(挖方路基)

(3)半填半挖路基。当原地面横坡大,且路基较宽,需一侧开挖另一侧填筑时,称为挖填结合路基,也称为半填半挖路基。其横断面一部分为挖方,另一部分为填方,常见于山区道路,是前两种路基的综合。半填半挖路基兼有路堤和路堑两者的特点。在丘陵或山区公路上,挖填结合是路基横断面的主要形式。最常见的形式是左右分开,一半挖方,另一半填方,这时会经常用到土石方调配,常常直接用挖方做填。位于山坡上的路基,通常取路中的高程接近原地面高程,以便减少土石方数量,保持土石方数量的横向平衡。若处理得当,路基稳定可靠,可减少土石方调运量,是比较经济的断面形式。但通常这种路基断面形式由于施工处理不便出现滑塌的工程隐患,所以,现在道路交通设计一般尽量少用这种形式。如图 2-47 所示,在图示下方标注有该断面的里程桩号、中心线处的填(挖)方高度及该断面的填(挖)方面积。

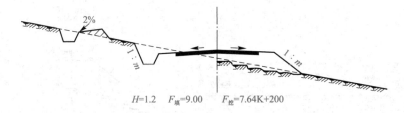

图 2-47　半填半挖路基

2. 道路路基横断面图的图示内容

(1)各中心桩处设计路基横断面情况,如边坡的坡度、排水沟形式等。如图 2-44 所示的路堤,设计路基明显高于水平的原地面线,设计路基边坡两侧均为 1 : 1.5,在路基横断面右侧下方原地面线下,设置了一条排水边沟,其坡度也是 1 : 1.5。如图 2-46 所示的路堑,设计路基边坡两侧均为 1 : m,在路基两侧底部,均设置排水边沟,其坡度分别为 1 : 1 和 1 : 3。如

图 2-47所示的半填半挖路基,填的右侧部分设计路基边坡为 $1:m$,地势较高需要挖的左侧部分,设置了两条排水沟,其坡度为 $1:m$。

(2)原地面横向地面起伏情况。图 2-44、图 2-46、图 2-47 中,经过填或挖处理的原地面线均采用虚线表示,不需要进行工程处理的地方仍采用天然土体(地面)的常用标示来表示,以示区分。原地面线也可以采用不规则的曲线标示,如图 2-48 所示。

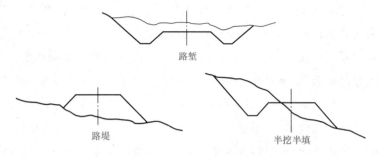

图 2-48　路基横断面形式示意

(3)各桩号设计路线中心线处的填方高度 h_T、挖方高度 h_W、填方面积 A_T、挖方面积 A_W。需要注意的是,不同工程图纸中所采用的字母符号不尽相同,应以实际工程图纸为准。如图 2-44所示,路线中心线处的填方高度 $H=2.8$ m,填方面积 $F=32.84$ m²。如图 2-46 所示,路线中心线处的挖方高度 $H=2.2$ m,填方面积 $F=36.84$ m²。如图 2-47 所示,路线中心线处的填方高度 $H=1.2$ m,填方面积 $F_{填}=9.00$ m²,$F_{挖}=7.64$ m²。

3. 路基横断面图的图示方法

(1)**图线**:在横断面图中,路面线、路肩线、边坡线等均采用粗实线表示,原有地面线采用细实线表示,道路中心线采用细点画线表示。

(2)**比例**:横断面图的水平方向和高度方向宜采用相同比例,一般用 $1:200$、$1:100$ 或 $1:50$ 等。

(3)**图形布置**:沿道路路线一般每隔 $15\sim50$ m 设置一横断面图,在图样中应沿里程桩号由下至上,从左到右布置图形,如图 2-49 所示。

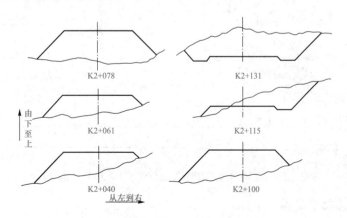

图 2-49　某道路路基横断面图形布置(部分)

(4)标注:在每幅横断面图图形下面应标注桩号、挖方或填方断面面积和地面中心线到路基中心线的高差(挖深或填高),如图2-44、图2-46、图2-47所示。

【例2-3】 如图2-5所示,识读某城市道路路基横断面图(部分桩号)。

【分析】 根据路基横断面由上至下、从左到右的布置方式可知,本图展示了某道路从桩号K0+015.01~K0+140.00,每间隔约20 m一共8处的路基横断面情况。由于每处的图中数据表示方式均完全相同,因此,本题只对其中一处的路基横断面进行详细识读,其他各处以此类推即可。

视频:【例2-3】

【读图】 以桩号K0+015.01处的路基横断面为例,首先识读断面线型:不规则的细折线为原地面线;标示出路幅形式(从图中可看出,该道路为三幅路)的细实线则为设计地面线。断面中间的▽的下尖端指示道路中心线所在位置,▽上的引出数据分别表示该桩号断面上道路中心线处的设计高程(72.057 m)和现地高程(71.233 m)。

从道路中心线向道路两侧识读,可以了解,中间路幅设置了坡度为1.5%的双向拱坡;两侧路幅设置了坡度为1.5%的单向拱坡,朝道路中心线方向降坡;两边人行道设置了坡度为1%的单向拱坡,朝道路中心线方向降坡。在距离中心线水平25.25处的设计高程为72.066 m,以道路中心线为对称轴进行布置。

根据路基横断面下方的文字说明可知,桩号K0+015.01处的路中填挖高度=0.384 m,填方面积=2.309 m^2;挖方面积=14.568 m^2,该断面为半填半挖路基。

2.5.2 城市道路横断面图

城市道路横断面图是道路中心线法线方向的断面图。其是由车行道、绿化带、分隔带和人行道等几部分组成的,地上有电力、电信等设施,地下有给水管、排水管、煤气管和地下电缆等公用设施,如图2-50所示。

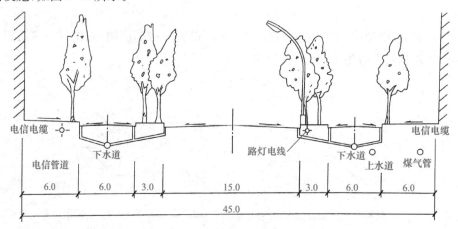

图2-50 某城市道路横断面图(比例:1∶200,单位:m)

1. 比例及标准横断面图

道路路基及城市道路横断面图的比例,一般视等级要求及路基断面范围而定,一般采用1∶100或1∶200的比例,一般很少采用1∶1 000或1∶2 000的比例。标准横断面是指普遍的套用形式,没有具体数据,只有标准形式,如图 2-51 所示。而道路横断面是每一个桩号的具体断面,一般是标准断面的主体部分。

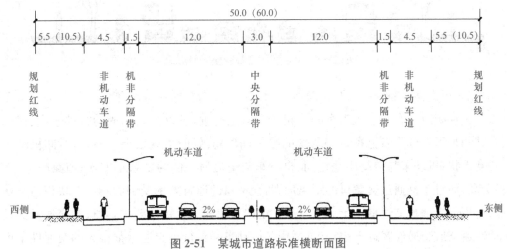

图 2-51 某城市道路标准横断面图

2. 城市道路横断面图布置的基本形式

根据机动车道和非机动车道的不同布置形式,城市道路横断面图布置的基本形式可分为"一块板""两块板""三块板"和"四块板"断面,与道路的路幅形式"单幅路""双幅路""三幅路"和"四幅路"相同。

(1)一块板道路横断面。一块板道路横断面是指不用分隔带划分车行道的道路横断面,具有占地小、投资省、交叉口通行效率高、道路的使用较为灵活等优点。一块板道路横断面常见于机动车专用道、自行车专用道及大量的机动车与非机动车混合行驶的次干路和支路,如图 2-52 所示。

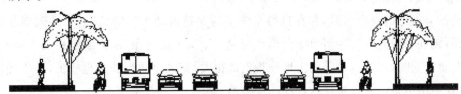

图 2-52 一块板(单幅路)横断面形式

(2)两块板道路横断面。两块板道路横断面是指用分隔带将车行道划分为两部分的道路横断面。首先,中央分隔带可以解决对向机动车流的相互干扰,适用于纯机动车行驶的车速高、交通量大的交通性干道。当道路设计车速大于 50 km/h 时,必须设置中央分隔带;其次,较宽的绿化分隔带有利于形成良好的景观绿化环境,常用于景观、绿化要求较高的生活性道路;再次,在地形起伏变化较大的地段,利用有高差的中央分隔带,可减少土方量和道路造价;最后,较宽的绿化带可以分离路段上的机动车与非机动车,大大减少二者之间的矛盾,但交叉口的交通组织不易处理,除某些机动车和自行车流量、车速都很大的近郊区道路外,一般较少采用,如图 2-53 所示。

图 2-53　两块板(双幅路)横断面形式

（3）三块板道路横断面。三块板道路横断面是指用分隔带将车行道划分为三部分的道路横断面。三块板道路有利于机动车和非机动车分道行驶，可以提高车辆的行驶速度、保障交通安全；同时，可在分隔带上布置多层次的绿化，取得较好的景观效果。但是，对向机动车仍存在相互干扰；机动车与沿街用地之间、自行车与街道另一侧的联系不方便；道路较宽，占地大，投资高；而且车辆通过交叉口的距离加大，交叉口的通行效率受到影响。三块板道路横断面一般适用于机动车交通量不十分大且有一定的车速和车流畅通要求，自行车交通量又较大的生活性道路或交通性客运干道，其不适用于机动车和自行车交通量都很大的交通性干道和要求机动车车速快而畅通的城市快速干道，如图 2-54 所示。

图 2-54　三块板(三幅路)横断面形式

（4）四块板道路横断面。用分隔带将车行道划分为四部分的道路横断面称为四块板断面，即在三块板的基础上，增加一条中央分隔带，以解决对向机动车相互干扰的问题。由于四块板道路设有低速的自行车道，存在自行车流不时穿越机动车道的情况；如果限制非机动车横穿道路，则在少数允许过街口可能会出现交通过于集中的现象，从而影响机动车流的车速、畅通和安全。同时，四块板道路的占地和投资都很大，交叉口通行能力也较低，并不经济。所以，一般在城市道路中不宜采用这种横断面类型，如图 2-55 所示。

图 2-55　四块板(四幅路)横断面形式

3. 城市道路路面结构大样图

结构图是关于承重构件的布置、使用材料、形状、大小及内部构造的工程图样，是承重构件及其他受力构件施工的依据。大样图是指针对某一特定区域进行特殊性放大标注，将该区域较详细的表示出来。大样图可在结构图上标注后在旁边单独绘出，也可以直接将具体结构详细表示在结构图上。因为结构图与大样图通常绘制在一幅图纸上，以便更清楚地表达工程结构，所以，也称为结构大样图。如图 2-56 所示，某城市道路图中，将机动车道、非机动车道、阳面人行道和阴面人行道的路面结构分别采用结构详图表示，使工程人员或识图者能快速准确地掌握该道路每个结构部位的具体构造情况。

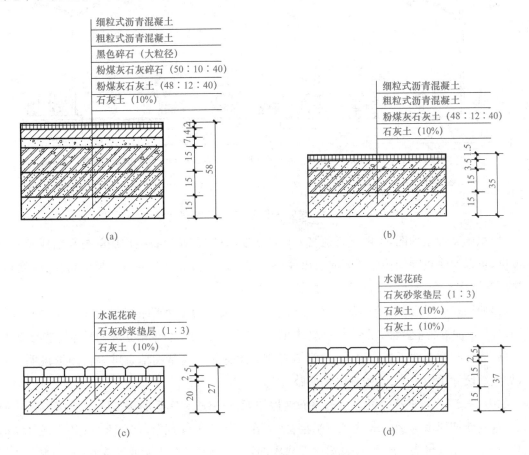

图 2-56 某城市道路路面结构图

(a)机动车道路面结构；(b)非机动车道路面结构；(c)人行道路面结构(阳面)；(d)人行道路面结构(阴面)

(注：比例示意，单位：cm)

结构大样图能让工作人员清楚地基利用情况、结构形式、结构尺寸、组成构件及相互关系；能表达出建筑结构构件的布置形式、连接方法、各构件的详细做法及施工要求。其主要作用是给修建者交代清楚该建筑物或构筑物的骨架(主体)，使其能够按照结构图内容施工，以便完成该建筑物或构筑物的主体工程。

4. 城市道路横断面图的识读

城市道路横断面图的识读可按以下过程进行：

(1)识读道路标准横断面图，了解该道路横断面布置的基本形式，了解车行道(机动车道与非机动车道)、人行道、分隔带(绿化带)的宽度尺寸，了解整个道路的横向范围。

如图 2-57 所示,该道路为两块板横断面形式,即双幅路,靠近中央分隔带的是 4 条机动车道,靠近人行道的是两条非机动车道,车行道一共 6 条道。其中,中央分隔带的宽度为 1.5 m,机动车道的宽度为 7.75 m,非机动车道的宽度为 3.5 m,人行道的宽度为 4.0 m,道路全宽为 32.0 m。

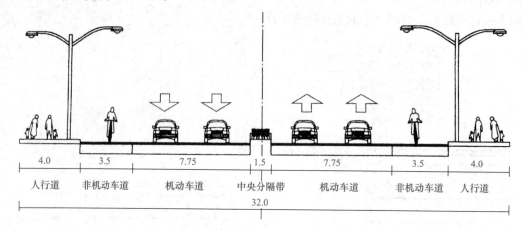

图 2-57　某城市道路标准横断面图

(2)识读路面结构图,了解车行道与人行道的层状铺筑结构、各结构层的材料组成及其铺筑厚度,可以看到贯穿结构层的竖向引出线会根据结构层数分别写明每一层的材料、厚度等,其顺序与结构本身完全一致,识读时可以一一对照进行。

(3)如果有单独绘制在旁边的大样图,可通过识读大样图了解道路侧石、平石的具体尺寸与结构,若是水泥混凝土路面,还有接缝(纵缝、缩缝、伸缝)大样图,可了解接缝的具体构造与尺寸。

(4)读图时注意图纸上的说明,一般结构图中没有表达清楚的信息可以在图纸说明中找到,如图纸尺寸单位说明、结构具体施工做法等。

如图 2-58 所示,该道路的车行道路面结构如下:在碾压夯实后的压实度大于 95% 的土路基上,首先铺筑厚度为 20 cm 的乱石垫层;然后在垫层之上铺筑厚度为 15 cm 的水泥稳定砂砾基层,其水泥含量为 6%;再在基层之上依次铺筑 3 个面层,分别是厚度为 6 cm 的黑色碎石面层、厚度为 4 cm 的中粒式沥青混凝土面层、厚度为 2 cm 的沥青砂面层。其中,垫层和基层的铺筑宽度一致,且比面层两侧各宽出 15+15=30(cm)。

该道路的人行道结构如下:在碾压夯实后的压实度大于 95% 的土路基上,直接铺筑厚度为 15 cm 的水泥稳定砂砾基层,其水泥含量为 6%;然后在基层之上铺砌混凝土人行道板。从图示可以看出,人行道板采用预制安装的方式,底层铺设厚度为 5 cm 的砂垫层。此道路未设置平石,侧石采用石质立缘石,其截面尺寸为35 cm(20+15)×15 cm,并采用厚度为 2 cm 的 M5 水泥砂浆座底,无后座。

结合道路的平面图、横断面图及结构大样图,可对道路各结构部分的工程量进行计算,并了解其施工做法,用于指导实际工程的施工作业。

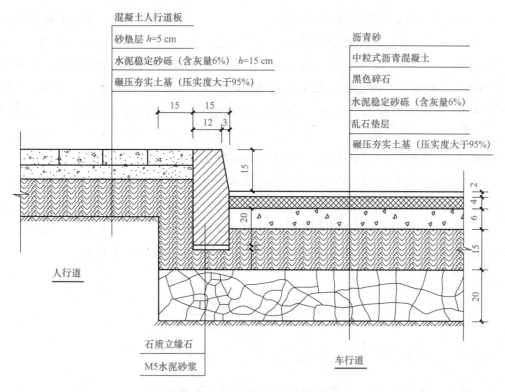

混凝土人行道板

砂垫层 $h=5$ cm

水泥稳定砂砾(含灰量6%) $h=15$ cm

碾压夯实土基(压实度大于95%)

沥青砂

中粒式沥青混凝土

黑色碎石

水泥稳定砂砾(含灰量6%)

乱石垫层

碾压夯实土基(压实度大于95%)

人行道

石质立缘石

M5水泥砂浆

车行道

图 2-58　某道路路面结构大样图

【例 2-4】　如图 2-3、图 2-4 所示,识读某城市道路的标准横断面图及路面结构图。

【读图】　根据标准横断面图可知,该道路为三幅路,路面全宽 50 m。其中,机动车道宽 24 m,双向 6 车道;非机动车道宽 5 m;机非分隔带宽 2 m;人行道宽 6 m。整个路幅以道路中心线为准,呈对称布置。

视频:【例 2-4】

根据路面结构图可知该道路的机动车道路面结构如下:首先最底层铺设 20 cm 厚石灰土底基层(含灰量 12%);然后铺设 40 cm 厚水泥稳定碎石基层(分两层铺设,一层 20 cm 厚);其上分别铺设乳化透层沥青和 1 cm 厚下封层;封层上依次分别铺设 5 cm 厚中粒式密级配沥青混凝土、4 cm 厚中粒式密级配沥青混凝土和 4 cm 厚细粒式密级配 SBS 改性沥青混凝土。沥青混凝土面层之间铺设乳化粘层沥青。石灰土底基层和第一层水泥稳定碎石基层比路面两侧各宽出 25 cm。

该道路的非机动车道路面结构如下:首先最底层铺设 20 cm 厚石灰土底基层(含灰量 12%);然后铺设 20 cm 厚水泥稳定碎石基层;其上分别铺设乳化透层沥青和 1 cm 厚下封层;封层上依次分别铺设 5 cm 厚中粒式密级配沥青混凝土和 4 cm 厚细粒式密级配 SBS 改性沥青混凝土。沥青混凝土面层之间铺设乳化粘层沥青。石灰土底基层和水泥稳定碎石基层比路面两侧各宽出 25 cm。

该道路的人行道结构如下:首先最底层铺设 5 cm 厚粗砂垫层;然后铺设 20 cm 厚强底等级为 C20 的无砂透水混凝土层;其上铺设 1∶5 干硬性水泥砂浆;最上面铺设 8 cm×25 cm×50 cm 的彩色透水砖。

该道路的侧平石构造如下：机动车道平石采用 2 cm 厚 M7.5 水泥砂浆结合层，12 cm×30 cm×50 cm 混凝土平石；机非分隔带侧石采用强度等级为 C15 混凝土基础及后背，3 cm 厚 M7.5 水泥砂浆结合层，15 cm×30 cm×100 cm 五莲红花岗岩路缘石；非机动车道平石采用 16 cm 厚强度等级为 C15 的混凝土基础，2 cm 厚 M7.5 水泥砂浆结合层，12 cm×30 cm×50 cm 混凝土平石；非机动车道与人行道之间侧石采用强度等级为 C15 的混凝土基础及后背，15 cm×30 cm×100 cm 混凝土路缘石；人行道最外缘侧石采用强度等级为 C15 的混凝土基础及后背，3 cm 厚 M7.5 水泥砂浆结合层，10 cm×25 cm×50 cm 混凝土侧石。

人行道上的树池采用强度等级为 C15 的混凝土基础，3 cm 厚 M10 水泥砂浆结合层，10 cm×20 cm×125 cm 五莲红花岗岩树池框。

另外，通过路面结构图下方的注解可知：路拱曲线采用直线型；下封层材料采用乳化沥青并撒布石屑；预制混凝土路缘石、侧石、平石所用混凝土强度等级不低于 C40。

2.6　城市道路交叉口

2.6.1　交叉口类型及相关术语

道路交叉口是由纵、横交错的道路与道路或道路与铁路相交而形成的部位。在城市道路中，因道路的纵横交错而形成众多交叉口，相交道路的车辆和行人都要在交叉口处汇集通过，交叉口是道路系统的重要组成部分，是道路的咽喉。由于相交道路处的各种车辆和行人都要在交叉口汇集和分流，故车辆和行人之间、车辆和车辆之间，特别是机动车和非机动车之间存在很大的相互干扰，常会阻滞交通，降低道路的通行能力，也容易发生交通事故。另外，车辆在交叉口有周期性刹车、启动，对燃料、车辆机件和轮胎的磨损都非常大。并且车辆在通过交叉口通行时受到交通信号灯的控制，必然增加其在交叉口的停留时间。因此，合理设计交叉口可以提高交叉口的通行能力，从而达到有效组织交通，减少车辆在交叉口的停留时间并保证行车安全，减少或消灭道路交叉口处的交通事故的目的。

根据相交道路交汇点竖向标高设置和安排的不同，道路交叉口可分为平面交叉口和立体交叉口两种类型。平面交叉口是指道路在同一平面上相交；立体交叉口是指道路在不同平面上相交。本节以平面交叉口为主要学习内容。

1. 交叉口的基本类型及使用范围

平面交叉口的形式，取决于道路网的规划、交叉口用地及其周围建筑的情况，以及交通量、交通性质和交通组织。常见的交叉口形式有十字形交叉口、X 形交叉口、T 形交叉口、Y 形交叉口、错位交叉口和多路交叉口（5 条或 5 条以上道路的交叉口）等，如图 2-59 所示。

(1)十字形交叉口。十字形交叉口是指夹角等于 90° 或在 90°±15° 范围内的四路交叉。这种交叉口具有形式简单，交通组织方便，街角建筑容易处理等特点。其适用范围广，可用于相同等级或不同等级道路的交叉。

视频：交叉口类型

在任何一种形式的道路网规划中,它都是最基本的交叉口形式。其在道路交叉口中的应用也较为广泛。如图 2-59(a)所示。

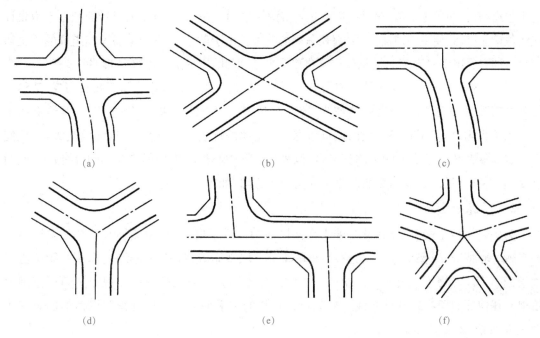

图 2-59　平面交叉口的形式

(a)十字形;(b)X 形;(c)T 形;(d)Y 形;(e)错位交叉口;(f)多路交叉口

(2)X 形交叉口。X 形交叉口是指夹角小于 75°或大于 105°的四路交叉。两条道路以锐角或钝角斜交,由于在相交的锐角较小时就会形成狭长的交叉口,对交通不利,特别对左转车辆不利,锐角街口的建筑也难处理。所以,当两条道路相交,如不能采用 X 形交叉口时,应尽量设计为大锐角相交,如图 2-59(b)所示。

(3)T 形交叉口。T 形交叉口是指夹角等于 90°或在 90°±15°范围内的三路交叉。T 形交叉口中的一条道路的尽头与另一条直行道路近于直角相交。与十字形交叉口一样,T 形交叉口适用于不同等级道路或相同等级道路相交。这种交叉口视线良好,行车安全,是常用的交叉口形式。如北京市的交叉路口绝大部分为十字形和 T 形,其中,T 形约占 30%,十字形约占 70%。如图 2-59(c)所示。

(4)Y 形交叉口。Y 形交叉口是指夹角小于 75°或大于 105°的三路交叉。Y 形交叉口中的一条道路的尽头与另一条道路以锐角或钝角相交,适用于主要道路与次要道路相交,主要道路应设在交叉口的顺直方向。处于钝角的车行道缘石转弯半径应大于锐角对应的缘石转弯半径,以使线型协调,行车通畅。Y 形交叉口与 X 形交叉口均为斜交路口,其夹角不宜过小,若角度小于 45°,将会使驾驶员的视线受限制,行车不安全,交叉口需要的面积增加。因此,一般的斜交角度宜大于 60°,如图 2-59(d)所示。

(5)错位交叉口。错位交叉口如图 2-59(e)所示,两条道路从相反方向终止于一条贯通道路而形成的两个距离很近的"T"形交叉所组成的交叉口。道路规划阶段应尽量避免为追求街景而

61

形成近距离错位交叉。这种形式的交叉口距离短,交织长度不足,使进出错位交叉口的车辆不能顺利行驶,从而阻碍贯通道路上的直行交通。在特殊情况下,如一条尽头式干道和另一条滨河主干道相交,两条主干道可采用 T 形交叉,而不应为了片面追求道路的对景而把主干道设计成错位交叉口,致使主干道曲折,影响其车辆的畅通。由于两个 Y 形交叉口连续组成的斜交错位交叉的交通组织将比 T 形的错位交叉口更为复杂,因此,应尽量避免双 Y 形错位交叉。

(6)多路交叉口。多路交叉口如图 2-59(f)所示,由 5 条及 5 条以上道路相交而成,又称为**复合型交叉口**,是多条道路交汇的地方,容易起到突出中心的效果,但用地较大,并给交通组织带来很大困难,采用时必须全面慎重考虑。在道路网规划中,应避免形成多路交叉,以免使交通组织复杂化。已形成的多路交叉,可以采用设置中心岛改为环形交叉,或封路改道,或调整交通,将某些道路的双向交通改为单向交通等方法,如图 2-63 所示。

2. 交叉口的视距

为了确保行车安全,驾驶员在进入交叉口前的一段距离内,必须能够看清楚相交道路上的车辆行驶情况,以保证通行双方有足够的距离采取制动措施,避免发生碰撞,这一距离必须大于或等于停车视距。由停车视距所组成的三角形称为视距三角形。在视距三角形范围内不得有任何障碍阻挡驾驶员视线。交叉口视距指的是平面交叉路口处视距三角形的第三边的长度,如图 2-60 所示。

3. 交叉口的拓宽

当交通量较大,转弯车辆较多,而交叉口的通行能力不能满足交通量的需要时,可在简单交叉口的基础上,增设候驶车道和变速车道以适应车辆临时停候和变速行驶,如图 2-61 所示。加宽路口的增设车道,一般在车道右侧加宽 3~3.5 m,其长度主要根据候车的车辆数决定。减速车道长为 50~80 m,加速车道长为 20~50 m。

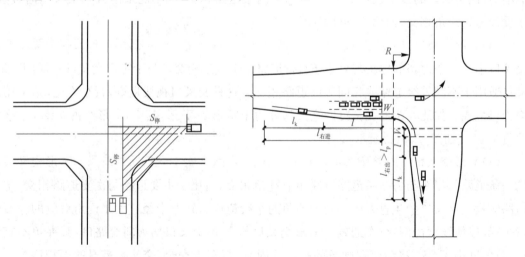

图 2-60　十字形交叉口视距三角形　　　　　图 2-61　拓宽路口式交叉口

4. 交叉口转角的缘石半径

在有路缘石的道路上行车时,为保证各右转弯车辆能在交叉口以一定速度顺利通过,相交道路的缘石一般采用曲线连接。交叉口转角处的缘石曲线形式有圆曲线、复曲线、抛物线、带有缓和曲线的圆曲线等,一般多采用圆曲线。圆曲线的半径尺寸称为缘石半径,如图 2-62 所示。单进口道交叉口的缘石半径一般大于 20 m,停车线在可能的情况下应尽量靠近交叉口,扩大进口处的喇叭口,避免停候左转的车辆阻塞后面车辆绕行。

5. 环形交叉口

为了减少多路交叉口的车辆阻滞,在交叉口中心可设置一个圆形交通岛,使各类车辆按逆时针方向绕岛作单向行驶,这种平面交叉称为环形交叉,如图 2-63 所示。环形平面交叉口以路口中心岛为导向岛,进入的车辆一律逆时针绕行,是一种依次交织运行无信号控制实现"右进右出"的平面交叉口形式。它的优点是将交通组织中的冲突点变为交织点,从而消除车辆碰撞危险,对安全行车有利。车辆到达交叉口时仍可以连续行驶,不需要专人进行交通指挥。另外,利用交通岛绿化或布设景观还可以美化环境。但这种交叉形式占地面积较大,直行车需绕岛通行,增加行驶距离,左转弯车辆的绕行距离则更长。另外,当非机动车较多时,对环形交通的行驶速度、通行能力也有较大影响,甚至容易引起阻塞。因此,对环形交叉口的选用也需慎重。一般在城市多路交会或转弯交通量较均衡的路口宜采用环形平面交叉口。对斜坡较大的地形或桥头引道,当纵坡不大于 3% 时也可采用环形交叉口设置。

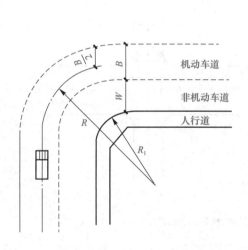

图 2-62　交叉口缘石半径计算图标

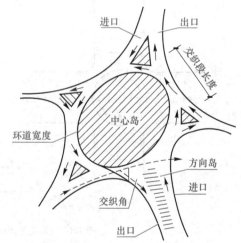

图 2-63　环形平面交叉口示意

2.6.2　平面交叉口立面构成形式

平面交叉口的立面构成在很大程度上取决于地形,以及与地形相适应的相交道路的横断面。本部分以十字形交叉口为例介绍几种交叉口的立面构成形式。

(1)相交道路的纵坡全由交叉口中心向外倾斜(山丘)就形成凸起地形下交叉口立面形式。这种交叉口中心高、四周低,不需要设置雨水进水口,就可使地面雨水向交叉口 4 个街角的街沟排出。如图 2-64 所示。

(2)相交道路的纵坡全向交叉口中心倾斜(盆地)就形成凹形地形下交叉口立面形式。在这种交叉口,地面水均向交叉口集中,必须设置地下排水管排泄地面水。为避免雨水积聚在交叉口中心,还应该将交叉口中心做得高一些,在交叉口4个角下的低洼处设置进水口,如图2-65所示。

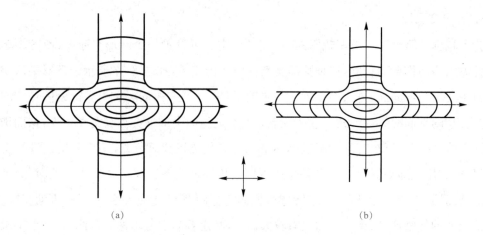

(a)   (b)

图 2-64　凸起地形下交叉口立面形式

(a)主—主相交;(b)主—次相交

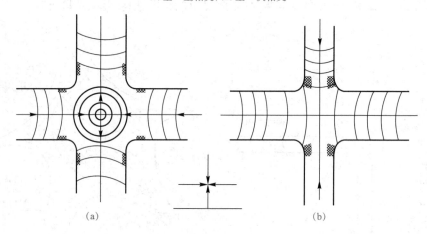

(a)   (b)

图 2-65　凹形地形下交叉口立面形式

(a)主—主相交;(b)主—次相交

(3)三条道路的纵坡由交叉口向外倾斜,而另一条道路的纵坡向交叉口倾斜(分水岭)。交叉口中有一条道路位于地形分水线上就形成分水线交叉口立面形式。在纵坡向着交叉口路口上的人行横道的上侧设置进水口,使街沟的地面水不流过人行横道和交叉口,以免影响行人和车辆通行,如图2-66所示。

(4)三条道路的纵坡向交叉口倾斜,另一条道路的纵坡由交叉口向外倾斜(谷线)。交叉口中有一条道路位于谷线上就形成谷线地形交叉立面形式,当次要道路进入交叉口前在纵断面上产生转折点而形成过街横沟时,对行车不利。如图2-67所示。

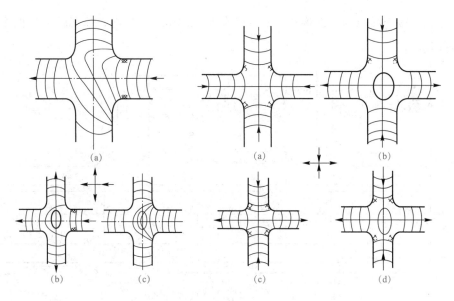

图 2-66　分水线交叉口立面形式　　　图 2-67　谷线地形交叉口立面形式

(5)相邻两条道路的纵坡向交叉口倾斜,而另外两条道路的纵坡均由交叉口向外倾斜,交叉口位于斜坡地形上就形成斜坡地形交叉口立面形式(斜坡)。这种交叉口会形成一个单向倾斜的斜面,在进入交叉口的人行横道的上侧设置进水口。如图 2-68 所示。

(6)相交两条道路的纵坡向交叉口倾斜,而另外两条道路的纵坡由交叉口向外倾斜,交叉口位于马鞍形地形上就形成马鞍地形交叉口立面形式。如图 2-69 所示。

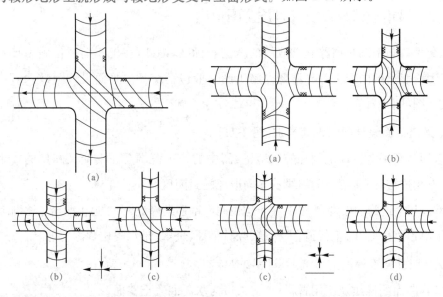

图 2-68　斜坡地形交叉口立面形式　　　图 2-69　马鞍地形交叉口立面形式

如图 2-70 所示,某柔性路面交叉口,主干道的路面宽度为 110 m,次干道的路面宽度为 20 m,正交路口。通过对图示中的等高线进行分析,识读出路面各处的标高。由图可知,南北走向的主干道由北至南的路面标高是逐渐降低的,东西走向的次干道由西至东的路面标高是逐渐降低的。因此,该交叉口的立面构成形式属于斜坡形式,适合在路面标高较大的两个路口的两侧设置雨水口。

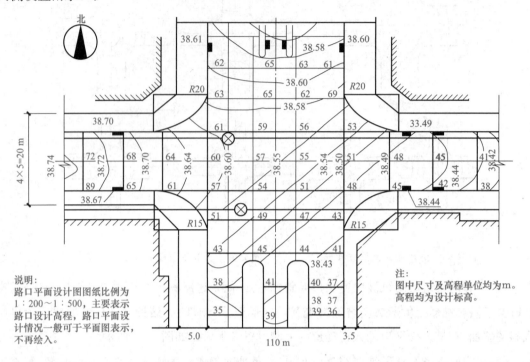

图 2-70 某柔性路面交叉口立面设计示意(正交)

说明:
路口平面设计图图纸比例为1:200~1:500,主要表示路口设计高程,路口平面设计情况一般可于平面图表示,不再绘入。

注:
图中尺寸及高程单位均为m。高程均为设计标高。

2.6.3 城市道路平面交叉口施工图识读

平面交叉口施工图是道路施工放线的依据和标准,因此,在施工前每位施工技术人员必须将施工图所表达的内容全部弄清楚。施工图一般包括交叉口平面设计图(图 2-71)和交叉口立面设计图(图 2-72)。

1. 交叉口平面设计图的识读要求(图 2-71)

(1)必须认真了解设计范围和施工范围:图中的施工范围是正交交叉路口的 4 个圆弧形转弯的切点相连接,与转弯处的路缘石共同形成的封闭区域。

(2)掌握相交道路的坡度和坡向:主干道由北向南逐渐降坡,次干道由西至东逐渐降坡。

(3)了解道路中心线、车行道、人行道、缘石半径、进水、排水等位置。

2. 交叉口立面设计图的识读要求(图 2-72)

(1)了解路面的性质及所用材料:该交叉口为水泥混凝土路面。

(2)掌握旧路现况等高线和设计等高线,明确方格网具体尺寸:因水泥混凝土路面为刚性板体,每块板有凹凸折面,板边必须是直线,故等高线为直线或折线,折点均应设在板缝外。

(3)了解伸缝(胀缝)的位置和伸缝(胀缝)所采用的材料。

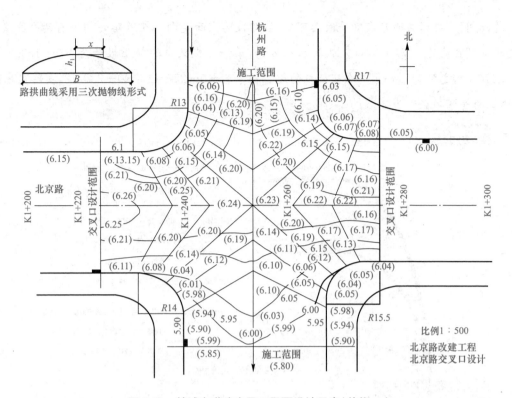

图 2-71　某城市道路交叉口平面设计示意(单位:m)

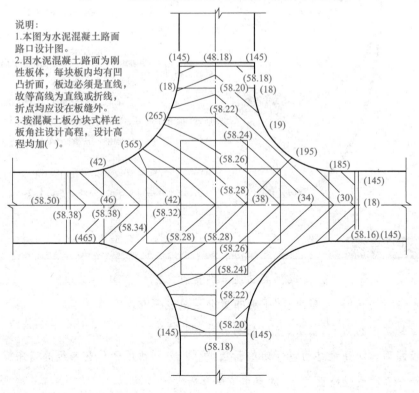

图 2-72　某刚性路面交叉口立面设计示意(单位:m)

【例 2-5】　如图 2-1 所示,通过识读某城市道路平面图,了解其平面交叉口情况。

【读图】 根据某城市道路平面图可知,该路段为东西走向。在道路的南侧有两个交叉口(支路口),且均为 T 形交叉口。从西往东方向,第一个交叉口的起止桩号为 K0＋163.84～K0＋170.84,支路宽 7 m;第二个交叉口的起止桩号为 K0＋227.12～K0＋235.12,支路宽 8 m。支路口的转弯半径均为 3 m。

模块小结

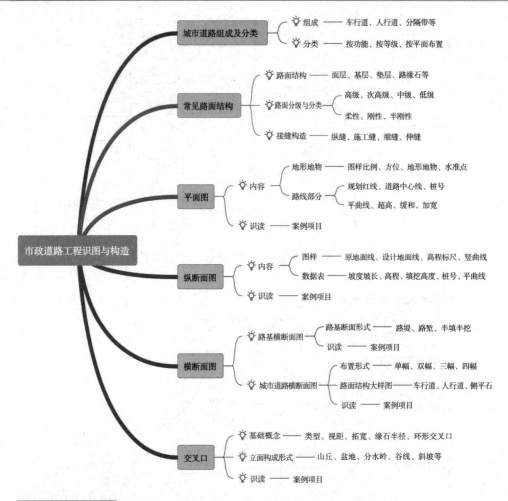

复习思考题

1. 城市道路由哪几部分组成? 其功能分别是什么?

2. 城市道路按功能、按等级、按平面布置分别成哪几类?

3. 路面结构中的面层、基层、垫层分别有什么特点?

4. 高级路面和次高级路面包括哪些面层类型? 分别适用于什么等级的道路?

5. 柔性路面和刚性路面的优、缺点各有哪些?

6. 根据作用的不同,水泥混凝土路面的接缝分为哪几种? 各有什么构造形式?

7. 道路路线平面图由哪些部分组成? 如何进行识读?

8. 什么是道路的圆曲线？其几何要素是什么？

9. 什么是道路的超高、缓和曲线及加宽？它们有什么作用？

10. 道路纵断面图由哪些部分组成？如何进行识读？

11. 什么是道路的竖曲线？其几何要素是什么？

12. 道路的平曲线在道路纵断面图中如何识读？

13. 道路路基断面的形式包括哪几种？

14. 城市道路横断面图布置的基本形式有哪几种？

15. 如何识读城市道路横断面图和结构大样图？

16. 平面交叉口的基本类型有哪几种？其中最常用的是什么？

17. 多路口交叉一般采用什么交叉口形式？其优、缺点各是什么？

18. 平面交叉口立面构成有哪几种形式？各有什么特点？

模块 3
市政桥梁工程识图与构造

某城市桥梁施工图

图纸:如图 3-1～图 3-11 所示,为某钢筋混凝土桥梁施工图,包括桥型布置图、桩位平面图、桥梁横断面图、桥墩结构图、桥台结构图、桥墩支座位置布置图、桥台支座位置布置图、支座大样图、中板及铰缝结构图、边板结构图、防撞栏构造图。

要求:通过本模块学习,识读该桥梁施工图。

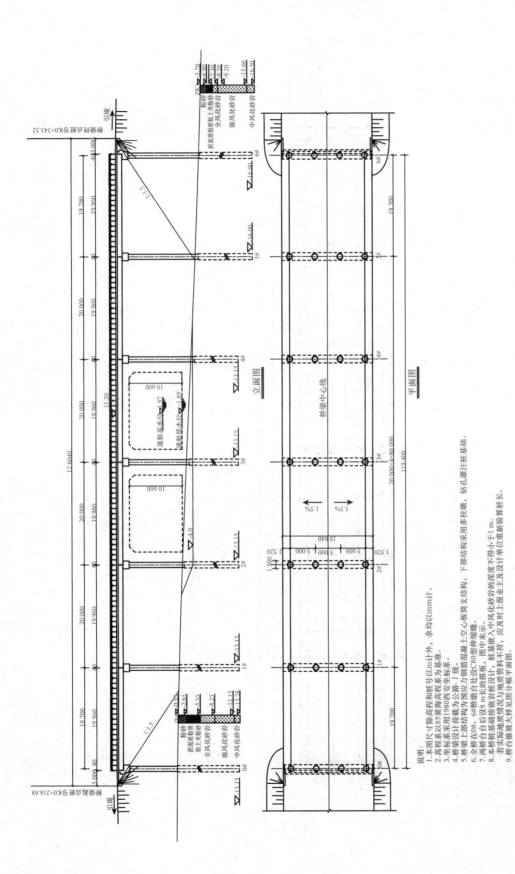

立面图

平面图

桥梁中心线

说明:
1. 本图尺寸除高程和桩号以m计外, 余均以mm计。
2. 高程系以85黄海高程系为基准。
3. 坐标系采用1980西安坐标系。
4. 桥梁设计荷载为公路-Ⅰ级。
5. 桥梁上部结构为预应力钢筋混凝土空心板简支板梁。
6. 全桥设在0#、6#桥墩台处设C80型伸缩缝。
7. 两桥台后设8m长的搭板, 图中未示。
8. 本桥桩基础按嵌岩桩设计, 桩基嵌入中风化砂岩的深度不得小于1m。者实际地质情况与地质资料不符, 应及时上报业主及重新验算桩长。
9. 桥台锥坡大样图见图分幅平面图。

图 3-1 桥型布置图

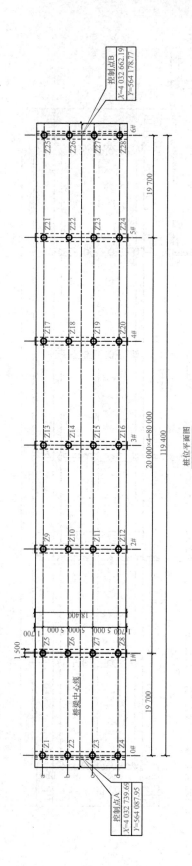

桩位平面图

图 3-2 桩位平面图

说明:
1. 本图高程以m计,尺寸以cm计。
2. 高程系以85黄海高程系为基准。
3. 坐标系采用1980西安坐标系。
4. 本桥桩基础按嵌岩桩设计,桩基嵌入中风化砂岩的深度不得小于1 m。若实际地质情况与地质资料不符,应及时上报业主及设计单位重新验算桩长。

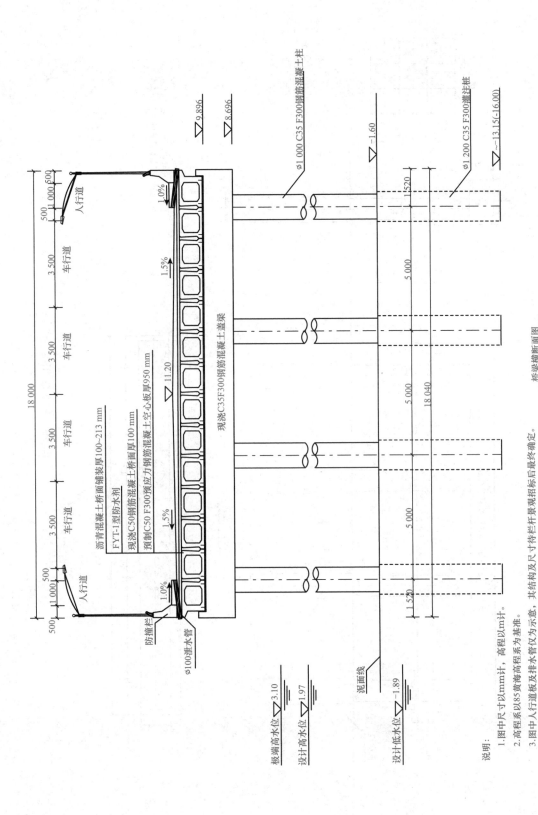

沥青混凝土桥面铺装层厚100~213 mm
FYT-1型防水剂
现浇C50钢筋混凝土桥面厚100 mm
预制C50 F300预应力钢筋混凝土空心板厚950 mm

现浇C35F300钢筋混凝土盖梁

Φ1 000 C35 F300钢筋混凝土柱

Φ1 200 C35 F300灌注桩

人行道

车行道

车行道

车行道

车行道

人行道

防撞栏

Φ100泄水管

18 000

3 500

3 500

3 500

3 500

1 000

500

500

1 000

500

500

1.0%

1.5%

1.5%

1.0%

▽ 11.20

▽ 9.896

▽ 8.696

▽ -1.60

▽~13.15(-16.00)

1 520

5 000

5 000

5 000

5 000

18 040

1 520

1 520

泥面线

桥梁横断面图

极端高水位 ▽3.10

设计高水位 ▽1.97

设计低水位 ▽-1.89

图 3-3 桥梁横断面图

说明：
1.图中尺寸以mm计，高程以m计。
2.高程系以85黄海高程系为基准。
3.图中人行道板及排水管仅为示意，其结构及尺寸待栏杆景观招标后最终确定。

73

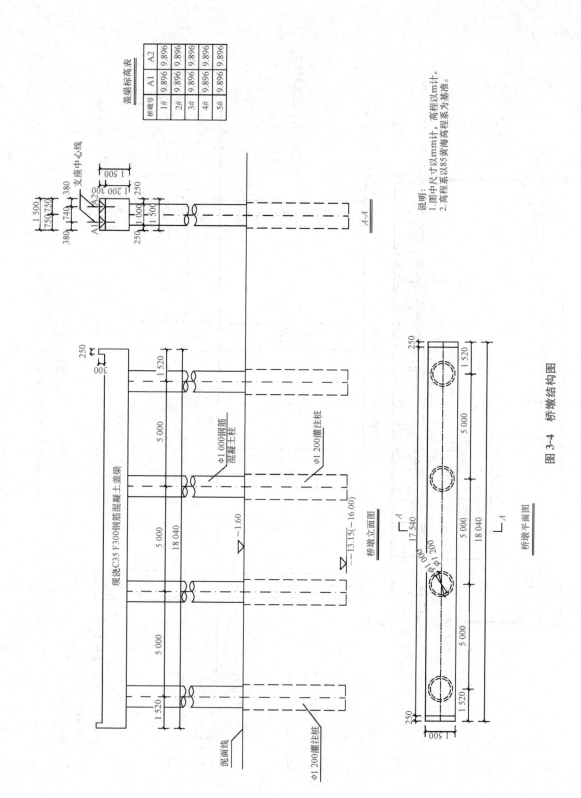

盖梁标高表

桥墩号	A1	A2
1#	9.896	9.896
2#	9.896	9.896
3#	9.896	9.896
4#	9.896	9.896
5#	9.896	9.896

说明：
1. 图中尺寸以mm计，高程以m计。
2. 高程系以85黄海高程系为基准。

支座中心线

1 500
750 750
380 740 380

A1 A2

支座中心线
1 200 300
250
1 000
1 500
250

A—A

现浇C35 F300钢筋混凝土盖梁

250
300

1 520

5 000

18 040
5 000

5 000

1 520

Φ1 000钢筋
混凝土柱

Φ1 200灌注桩

▽~13.15(—16.00)
▽—1.60

泥面线

Φ1 200灌注桩

桥墩立面图

A
17 540
Φ1 000 Φ1 200

250
500

250

1 520
5 000
18 040
5 000
5 000
1 520

A

桥墩平面图

图3-4 桥墩结构图

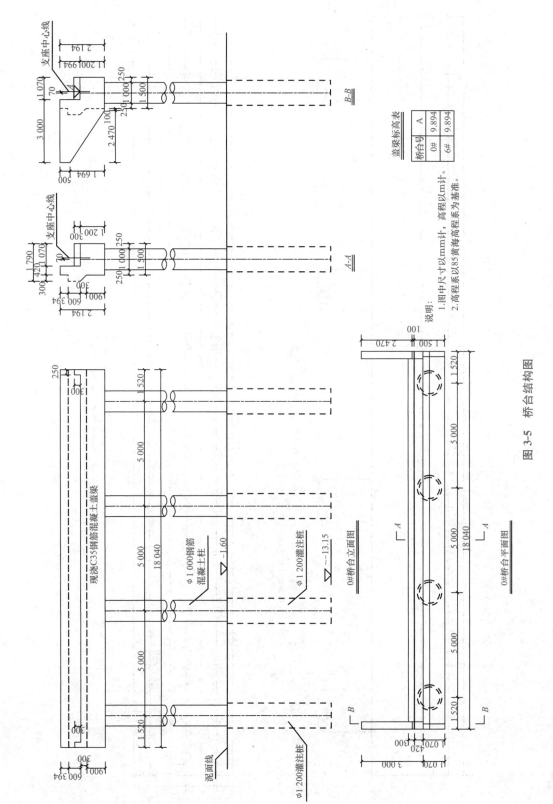

图 3-5 桥台结构图

盖梁标高表

桥台号	A
0#	9.894
6#	9.894

说明：
1. 图中尺寸以mm计，高程以m计。
2. 高程系以85黄海高程系为基准。

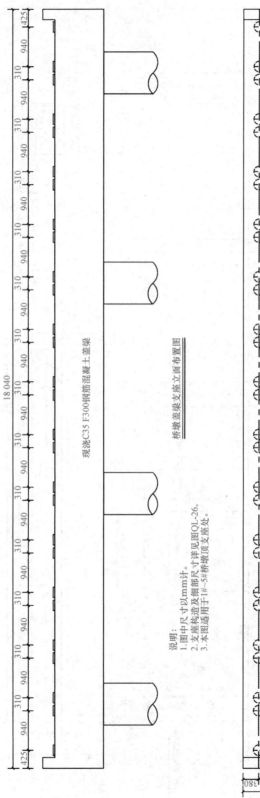

现浇C35 F300钢筋混凝土盖梁

桥墩盖梁支座立面布置图

说明：
1.图中尺寸以mm计。
2.支座构造及细部尺寸详见图QL-26。
3.本图适用于1#~5#桥墩顶支座处。

桥墩盖梁支座平面布置图

图 3-6 桥墩支座位置布置图

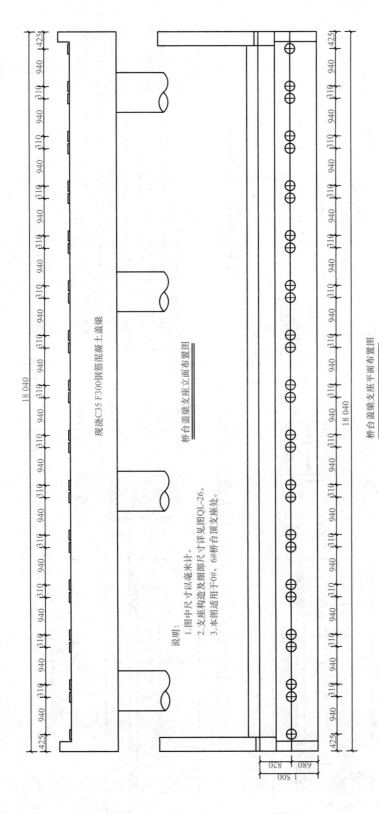

现浇C35 F300钢筋混凝土盖梁

桥台盖梁支座立面布置图

说明：
1.图中尺寸以毫米计。
2.支座构造及细部尺寸详见图QL-26。
3.本图适用于0#、6#桥台顶支座处。

桥台盖梁支座平面布置图

图 3-7 桥台支座位置布置图

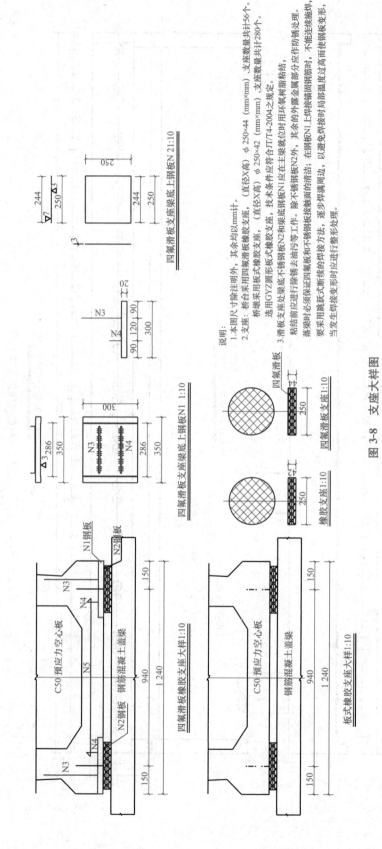

说明：

1.本图尺寸除注明外，其余均以1mm计。

2.支座：桥台采用四氟滑板式橡胶支座，（直径X高）φ250×44（mm×mm），支座数量共计56个。桥墩采用板式橡胶支座，（直径X高）φ250×42（mm×mm），支座数量共计280个。选用GYZ圆形板式橡胶支座，技术条件应符合JT/T4-2004之规定。

3.滑板支座处梁底四氟板和梁底钢板N1应在主梁就位时用环氧树脂粘结。粘结前应进行除锈等工作。除不锈钢板N2外，其余的外露金属部分应作防锈处理。钢板N1上与锚固钢筋焊接时，在钢板N2上与不锈钢板接触面的清洁，采用跳跃式焊接方法，逐步焊满周边，以避免焊接时局部温度过高而使钢板变形，当发生钢板变形时应进行整形处理。

四氟滑板支座梁底钢板N 21:10

四氟滑板支座梁底上钢板N1 1:10

四氟滑板支座 1:10

橡胶支座 1:10

四氟滑板橡胶支座大样 1:10

板式橡胶支座大样 1:10

图 3-8　支座大样图

C50预应力空心板

钢筋混凝土盖梁

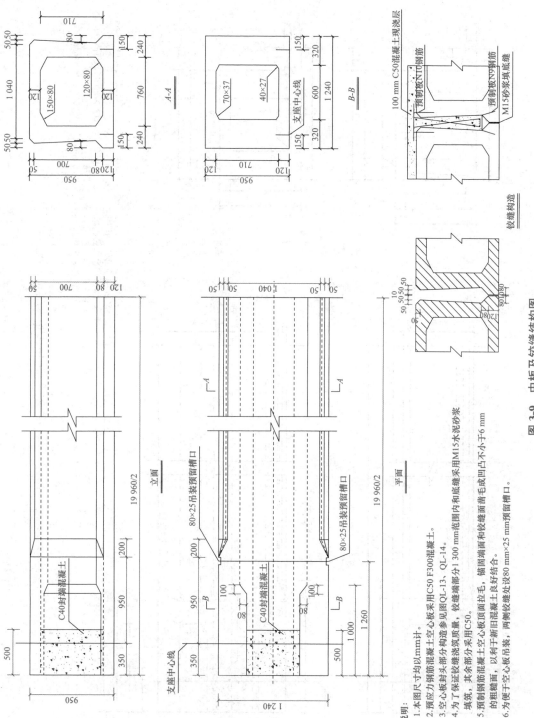

说明:

1. 本图尺寸均以 mm 计。

2. 预应力钢筋混凝土空心板采用 C50 F300 混凝土。

3. 空心板封头部分构造参见图 QL-13、QL-14。

4. 为了保证铰缝浇筑质量，铰缝端部分 1 300 mm 范围内和底缝采用 M15 水泥砂浆填充，其余部分采用 C50。

5. 预制钢筋混凝土空心板顶面应拉毛，锚固端端面和铰缝面凿毛成凹凸不小于 6 mm 的粗糙面，以利于新旧混凝土良好结合。

6. 为便于空心板吊装，两侧铰缝处设 80 mm×25 mm 预留槽口。

图 3-9 中板及铰缝结构图

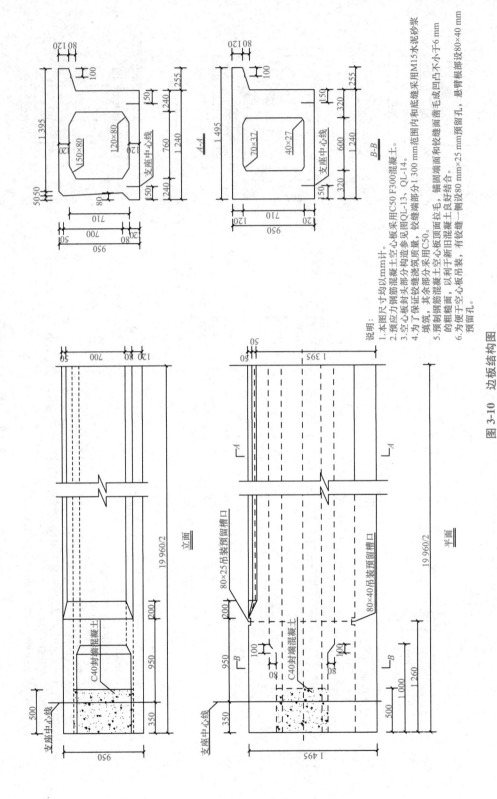

说明:
1. 本图尺寸均以mm计。
2. 预应力板封混凝土空心板采用C50 F300混凝土。
3. 空心板封头部分构造参见图QL-13、QL-14。
4. 为了保证铰缝头部浇筑的质量,铰缝端部分1 300 mm范围内和底缝采用M15水泥砂浆填筑,其条部分采用C50。
5. 预制钢筋混凝土空心板顶面应拉毛,端固端面和铰缝面凿毛成凹凸不小于6 mm的粗糙面,以利于新旧混凝土良好结合。
6. 为便于空心板吊装,有铰缝一侧预留80 mm×25 mm预留孔,悬臂根部设80×40 mm预留孔。

图3-10 边板结构图

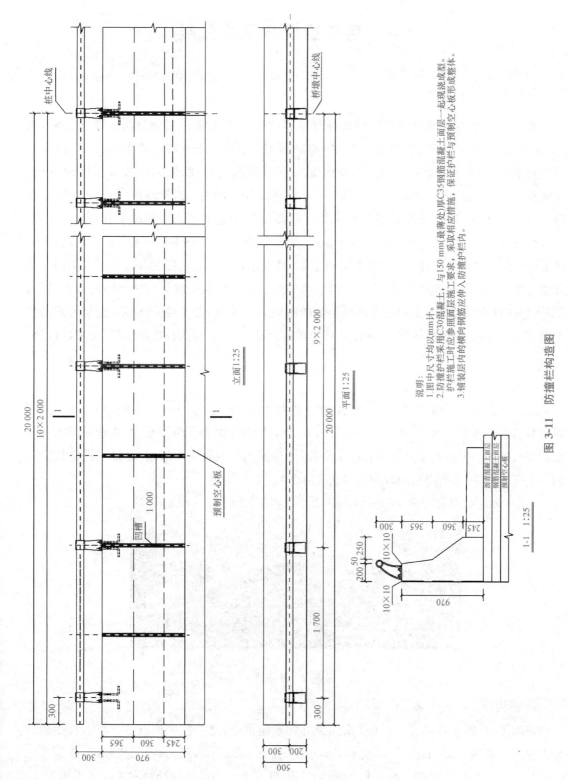

说明：
1. 图中尺寸均以 mm 计。
2. 防撞护栏采用 C30 混凝土，与 150 mm（最薄处）厚 C35 钢筋混凝土面层一起现浇成型。护栏施工时应参照面层施工要求，采取相应措施，保证护栏与预制空心板形成整体。
3. 铺装层内的横向钢筋应伸入防撞护栏内。

图 3-11　防撞栏构造图

立面 1:25

平面 1:25

1-1　1:25

桩中心线

桥墩中心线

预制空心板

凹槽

20 000
10×2 000
9×2 000
20 000
1 000
1 700
300
300

300
970
245　360　365
300

500
200　300

防撞混凝土面层
钢筋混凝土面层
预制空心板
245　360　365　300

970
10×10
10×10
200　250　50
50

3.1 桥梁组成与基本分类

3.1.1 桥梁简况

桥梁是道路跨越障碍或者疏散和分流交通的人工构造物。当道路路线遇到江河、湖泊、山谷、深沟及其他线路(公路或铁路)等障碍时,为了保证道路上的车辆连续通行,充分发挥其正常的运输能力,同时,也要保证桥下水流的流动、船只的通航或车辆的运行,就需要建造专门的人工构造物——桥梁,来跨越障碍。另外,随着城市发展和桥梁工程建造技术的进步,城市立交桥及过街天桥在市政交通中起到了不可或缺的作用。

桥梁是一个为全社会服务的公益性建筑,是人文科学、工程技术与艺术三位一合的产物。桥梁建筑以自身的实用性、巨大性、固定性、永久性及艺术性极大地影响并改变了人类的生活环境。优秀的桥梁建筑不仅揭示了人类社会的发展,体现出人类智慧与伟大的创造力,而且往往成为时代的象征、历史的纪念碑和游览的胜地。它既是人类的物质财富,也是宝贵的精神财富,并且随着时间的推移,其功能和美学价值会日益生辉,成为民族的骄傲、历史的珍迹。以下介绍几座我国著名桥梁。

1. 赵州桥

赵州桥又名安济桥,如图 3-12 所示,建于隋代大业(公元 605~618)年间,是著名匠师李春建造。赵州桥全长为 64.40 m,跨径为 37.02 m,是当今世界上跨径最大、建造最早的单孔敞肩型石拱桥。因桥两端肩部各有两个小孔(不是实的),故称为敞肩型,这是世界造桥史上的一个伟大创举(没有小拱的称为满肩或实肩型)。

图 3-12　赵州桥

2. 卢沟桥

卢沟桥,如图 3-13 所示,位于北京西南郊的永定河上,是一座联拱石桥。卢沟桥始建于金大定二十九年(公元 1189 年),成于明昌三年(公元 1192 年),经元、明两代修缮,清康熙三十七年(1698 年)重新修建。桥全长 212.2 m,有 11 个孔。各孔的净跨径和矢高均不相等,边孔小、中孔逐渐增大。全桥有 10 个墩,宽度为 5.3~7.25 m 不等。

图3-13　卢沟桥

3. 洛阳桥

洛阳桥原名万安桥,如图3-14所示,位于福建省泉州东郊的洛阳江上。其是我国现存最早的跨海梁式大石桥。宋代泉州太守蔡襄主持洛阳桥的建桥工程,从北宋皇佑四年(公元1053年)至嘉祐四年(公元1059年),前后历七年之久。洛阳桥全为花岗岩石砌筑,造桥工程规模巨大。建桥九百余年以来,先后修复十七次。现桥全长731.29 m,宽度为4.5 m,高度为7.3 m,有44座船形桥墩,645个扶栏,104只石狮,1座石亭,7座石塔。

图3-14　洛阳桥

4. 南京长江大桥

南京长江大桥,如图3-15所示,建成于1968年,是长江上第一座由我国自行设计建造的双层式铁路、公路两用桥。该桥上层的公路桥长度为4 589 m,车行道宽度为15 m,可容4辆大型汽车并行,两侧还各有2 m多宽的人行道;下层的铁路桥长度为6 772 m,宽度为14 m,铺有双轨,可容两列火车同时对开。江面上的正桥长度为1 577 m,其余为引桥,是我国桥梁之最。南京长江大桥完全依靠我国自身的技术力量和国产材料建成,标志着我国建桥技术进入了独立自主的新水平。

图3-15　南京长江大桥

5. 重庆朝阳大桥

重庆朝阳大桥，如图 3-16 所示，建于 1969 年，是我国最早的悬索桥（吊式桥）。该桥主跨为 186 m，采用双链式结构，并应用了钢箱与混凝土桥面相结合的组合加劲梁。

图 3-16　重庆朝阳大桥

6. 润扬长江公路大桥

润扬长江公路大桥，如图 3-17 所示，是我国第一座由悬索桥和斜拉桥构成的组合型特大桥梁。其于 2000 年 10 月 20 日开工，2005 年 4 月 30 日建成通车，总投资 58 亿元。该桥全长为 35.66 km，桥面平均宽度为 31.5 m（行车道宽 30 m），全线采用双向六车道高速公路标准设计的，设计车速为 100 km/h。大桥设计使用寿命为 100 年，为了达到这个要求，在国内同类大桥中首次全面推广使用了低碱水泥，这样可极大提高工程耐久性，保证混凝土施工质量，延长大桥使用寿命。润扬大桥主跨跨度为 1 490 m，建成时其排名为中国第一、世界第三。

图 3-17　润扬长江公路大桥

3.1.2　桥梁基本组成

掌握桥梁的基本组成，了解桥梁的分类，是桥梁工程识图的基础。以梁式桥梁为例，一座完整的桥梁一般由上部结构、下部结构、支座系统与附属结构四大部分组成，如图 3-18 所示。

视频：桥梁基本组成

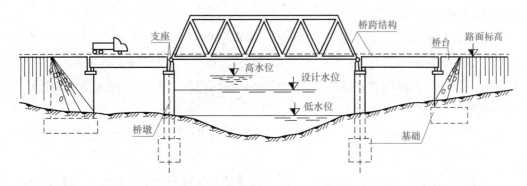

图 3-18　梁式桥梁的基本组成示意

（1）上部结构。上部结构是指桥梁支座以上(框架主梁底线以上)跨越桥孔部分的总称。桥梁的上部结构又称为桥跨结构,包括跨越结构和桥面系统。跨越结构直接承受桥上的交通荷载并通过支座传递给桥墩,是线路遇到障碍而中断时,跨越障碍的主要承载结构。桥面系统包括行车道铺装、排水防水系统、人行道、安全带、路缘石、栏杆、灯光照明、伸缩缝等。

（2）下部结构。下部结构是指桥梁支座以下部分的总称。桥梁的下部结构又称为支承结构,包括桥墩、桥台和基础。其作用主要是支撑桥梁上部结构并把上部结构传来的荷载安全地传到地基基础上,以达到共同受力的目的。桥墩一般设置在两桥台的中间位置,其主要作用是支承桥跨结构。桥台设置在桥梁的两端,除有支承桥跨结构的作用外,还具有与路堤衔接并抵御路堤土的压力,防止路堤的滑塌等作用。

（3）支座系统。支座系统是指架设于墩台上,顶面支承桥梁上部结构的装置。其功能是将上部结构固定于墩台,承受作用在上部结构的各种力,并将它可靠地传递给墩台;在荷载、温度、混凝土收缩和徐变作用下,支座能适应上部结构的转角和位移,使上部结构可自由变形而不产生额外的附加内力。桥梁支座是连接桥梁上部结构和下部结构的重要结构部件。它能将桥梁上部结构的反力和变形(位移和转角)可靠地传递给桥梁下部结构,从而使结构的实际受力情况与计算的理论图式相符合。

（4）附属结构。桥梁的组成除上、下部结构体系外,往往还需要建造一些附属构筑物,如挡土墙、桥头锥形护坡、护岸、导流堤、导航装置、防撞装置等。附属结构的作用是装饰、保护整座桥梁。

3.1.3　桥梁的类型

桥梁有许多类型,其分类的方法各有不同,每一种分类方式均反映出桥梁在某一方面的特征,它们都是在长期的生产活动中通过反复实践和不断总结逐步创造发展起来的。

1. 按桥梁用途划分

按桥梁用途可分为公路桥、铁路桥、公路铁路两用桥、农用桥、人行桥、立交桥、高架桥等。

（1）公路桥。公路桥是指为公路跨越沟、谷、河流等障碍的桥梁。公路桥具有活载相对较轻,桥宽大的特点。

（2）铁路桥。铁路桥是指为铁路跨越沟、谷、河流等障碍的桥梁。铁路桥具有活载大,桥宽小,结实耐用且易于修复的特点。

(3)**公路铁路两用桥**。对于基础工程复杂、墩台造价较高的大桥或特大桥,以及靠近城市、铁路公路均较稠密而需建造铁路桥和公路桥以连接线路时,为了降低造价和缩短工期,可考虑建造一座公路、铁路同时共用的桥,称为公路铁路两用桥。图3-15所示的南京长江大桥就是公路铁路两用桥。

(4)**农用桥**。农用桥通常修筑于农村地区,适用于农用机械如农用拖拉机等的通行,方便进行农业生产。

(5)**人行桥**。人行桥又称为人行立交桥,一般建造在车流量大、行人稠密的地段,或者交叉口、广场及铁路上面。人行天桥只允许行人通过,用于避免车流和人流平面相交时的冲突,保障人们安全的穿越,提高车速,减少交通事故。

(6)**立交桥**。立交桥全称为立体交叉桥,是在两条交叉道路交汇处建立的上下分层、多方向互不相扰的现代化陆地桥。由于建设成本较高,通常只在高速公路互通、城市干道或快速路的交会处建有立交桥,以使车辆不受路口红绿灯管制而快速通过,如图3-19所示。

(7)**高架桥**。高架桥是指搁在一系列狭窄钢筋混凝土或圬工拱上,具有高支撑的塔或支柱,跨过山谷、河流、道路或其他低处障碍物的桥梁。城市发展后,交通拥挤,建筑物密集,而街道又难于拓宽,采用这种桥可以疏散交通密度,提高运输效率。另外,在城市间的高速公路或铁路,为避免和其他线路平面交叉、节省用地、减少路基沉陷(某些地区),也可不用路堤,而采用这种桥,如图3-20所示。

图3-19 立交桥　　　　　　　　　　　　　　图3 20 高架桥

2. 按承重结构选用材料划分

按桥梁主体结构所用材料可分为木桥、钢桥、砖桥、石桥、钢筋混凝土桥、预应力钢筋混凝土桥等。

钢桥具有较大的跨越能力,在跨度上一直处于领先地位。在现代桥梁工程建设中,钢筋混凝土这一主要建筑材料早在20世纪初就得到广泛应用。随着预应力钢筋混凝土结构的诞生,实现了土木工程的第二次飞跃。

3. 按桥梁平面形状划分

按桥梁平面形状可分为直桥、斜桥和弯桥。绝大部分桥梁为直桥(正交桥),如图3-21所示;

斜桥是指水流方向与桥的轴线不呈直角相交的桥,如图 3-22 所示;弯桥是指桥梁的设计中心线在平面上不呈直线,而是具有一定转弯弧度的弧线桥,也称为曲线桥,如图 3-23 所示。

图 3-21　直桥(正交桥)

图 3-22　斜桥

图 3-23　弯桥(曲线桥)

4. 按桥梁结构受力体系划分

按桥梁结构体系即结构受力及立面形状可分为梁式桥、拱式桥、刚构架桥、悬索桥(吊桥)和斜拉桥等几种类型,以及由基本体系与其他体系或基本构件形成的组合体系桥。

视频:梁式桥

(1)梁式桥。梁式桥包括梁桥和板桥两种。其主要承重构件是梁(板),梁部结构只受弯、剪,不承受轴向力,主要以其抗弯能力来承受荷载。桥梁的整体结构在竖向荷载作用下无水平反力,只承受弯矩,墩台也仅承受竖向压力。梁式桥结构简单,施工方便,对地基承载能力的要求不高,跨越能力有限,常用于跨径在 25 m 以下的中、小型桥梁。

1)简支梁桥。简支梁桥是指由一根两端分别支撑在一个活动支座和一个铰支座上的梁作为主要承重结构的梁桥。以孔为单元,相邻桥孔各自单独受力,属静定结构(图 3-24),适用于中小跨度。它的优点是结构简单,架设方便,结构内力不受地基变形、温度改变的影响,并可有效降低造价,缩短工期,同时,最易设计成各种标准跨径的装配式构件。其缺点是相邻两跨之间存在异向转角,路面有折角,影响行车平顺。简支梁桥是梁式桥中应用最早、使用较广泛的一种桥形。

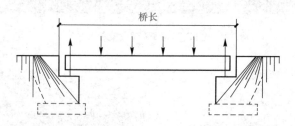

图 3-24　简支梁桥示意

2)悬臂梁桥。悬臂梁桥是指以一端或两端向外自由悬出的简支梁作为上部结构主要承重构件的梁桥,一般为静定结构。其结构内力不受地基变形影响,对基础要求较低(图 3-25)。悬臂梁桥虽然在力学性能上优于简支梁桥,可适用于更大跨径的桥梁方案,但由于悬臂梁桥的某些区段同时存在正、负弯矩,无论采用何种主梁截面形式,其构造均较为复杂,而且跨径增大以后,梁体质量快速增加,不易采用装配式施工,往往要在费用昂贵、速度缓慢的支架上现浇。

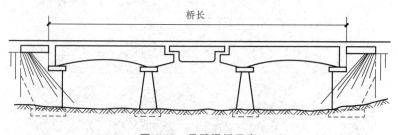

图 3-25　悬臂梁桥示意

3)连续梁桥。连续梁桥是指两跨或两跨以上连续的梁桥,属于超静定体系。该桥的连续梁在恒活载作用下,产生的支点负弯矩对跨中正弯矩有卸载的作用,使内力状态比较均匀合理(图 3-26),因而梁高可以减小,由此可以增大桥下净空,节省材料,且刚度大,整体性好,超载能力大,安全度大,桥面伸缩缝少,并且因为跨中截面的弯矩减小,使桥跨可以增大。

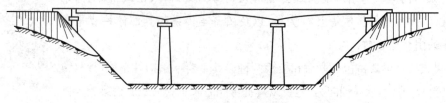

图 3-26　连续梁桥示意

梁式桥体系可分为实腹式和空腹式。实腹式梁的截面形式多为 T 形、工字形和箱形等,如图 3-27所示。大部分钢筋混凝土桥梁都属于实腹式梁。空腹式梁是主要由拉杆、压杆、拉压杆以及连接件组成的桁架式桥跨结构,大部分钢结构铁路桥梁都属于空腹式梁,如图 3-28 所示。

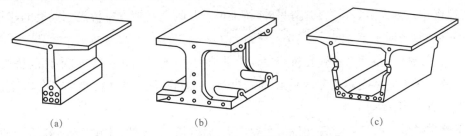

图 3-27　实腹式梁的截面形式

(a)T 形梁;(b)工字形梁;(c)箱形梁

图 3-28　空腹式铁路桥梁

(2)拱式桥。拱式桥是指在竖直平面内以拱作为结构主要承重构件的桥梁。拱桥的建造经济合理,有很大跨越能力,外形美观大方。拱桥的主要承重结构是拱圈或拱肋。拱圈的截面形式可以是实体矩形、肋形、箱形、桁架等。

拱式结构在竖向荷载作用下,主要承受轴向压力,桥墩或桥台将承受很大的水平推力,如图 3-29 所示。这种水平推力能显著抵消荷载在拱圈或拱肋内引起的弯矩。因此,与同样跨径的梁相比,拱的弯矩和变形要小得多。拱桥对地基承载力要求较高,宜建于

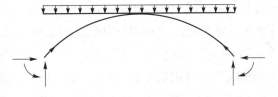

图 3-29　拱桥受力分析示意

地基良好的地段。按照静力学分析,拱又分为单铰拱、双铰拱、三铰拱和无铰拱,如图 3-30 所示。但因铰的构造较为复杂,一般避免采用有铰拱,常用无铰拱体系。无铰拱的拱圈两端固结于桥台(墩),结构最为刚劲,变形小,比有铰拱经济;但桥台位移、温度变化或混凝土收缩等因素对拱的受力会产生不利影响,因而修建无铰拱桥要求有坚实的地基基础。

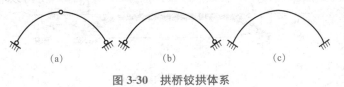

图 3-30　拱桥铰拱体系

(a)三铰拱;(b)双铰拱;(c)无铰拱

视频:拱式桥

根据容许建筑高度的大小和实际需要,桥面可以布置在桥跨结构的不同位置。

1)上承式拱桥。桥面系设置在桥跨主要承重结构(桁架、拱肋、主梁等)上面的桥梁,称为上承式拱桥。其优点是桥面系构造简单、施工方便,桥跨主要承重结构的宽度可以做得小一些(也可以密排),因而节省墩台圬工;另外,桥上视野开阔。其缺点是桥面到梁底的建筑高度较大,如图 3-31(a)所示。

2)中承式拱桥。桥面系设置在桥跨主要承重结构(桁架、拱肋、主梁等)中部的桥梁,称为中承式拱桥。中承式桥交多用于大跨径的肋拱桥,一般在桥梁建筑高度受到严格控制时考虑,如图 3-31(b)所示。

3)下承式拱桥。桥面系设置在桥跨主要承重结构(桁架、拱肋、主梁)下面的桥梁,即桥梁上部结构完全处于桥面高程之上的桥被称为下承式拱桥。下承式拱桥其桥面净空必须满足有关规定,一般在桥梁建筑高度受到严格控制时考虑,如图 3-31(c)所示。

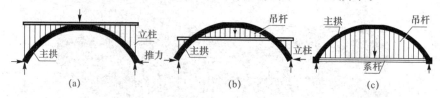

图 3-31　拱式桥承重体系示意

(a)上承式拱桥;(b)中承式拱桥;(c)下承式拱桥

(3)刚构(架)桥。**刚构桥是指主要承重结构采用刚构的桥梁。**刚构桥的梁与墩柱是刚性连接,桥的墩柱具有较大抗弯刚度,可分担梁部跨中正弯矩,从而达到降低梁高、增大桥下净空的目的,如图 3-32(a)所示。在竖向荷载作用下,主梁与立柱的连接处会产生负弯矩;主梁、立柱承受弯矩,也承受轴力和剪力;柱底约束处既有竖向反力,又有水平反力。刚构桥的形式多半是立柱直立、单跨或多跨的门形框架,柱底可以是铰接约束或固定约束。钢筋混凝土和预应力混凝土刚构桥较为常见,其适用于中小跨度的、建筑高度要求较严的城市或公路跨线桥。

随着预应力技术和对称悬臂施工方法的发展,具有刚构形式和特点的桥梁可用于跨径更大的情况。斜腿刚构桥的墩柱斜置并与梁部刚性连接,其受力特点介于梁和拱之间。如图 3-32(b)所示。在竖向荷载作用下,斜腿以承压为主,两斜腿之间的梁部也受到较大的轴向力。斜腿底部可采用铰接或固结形式,并受到较大的水平推力。对跨越深沟峡谷、两侧地形不宜建造直立式桥墩的情况,可以考虑选用斜腿刚构桥。

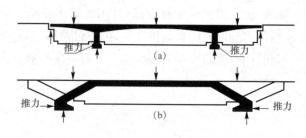

图 3-32　刚构桥形式

(a)梁与墩连为一体;(b)梁与台连为一体

连续刚构桥是墩梁固结的连续梁桥。在连续梁桥的基础上,将主跨内的较柔性的桥墩与梁部固结起来,就形成连续刚构桥,如图3-33所示。其特点是:桥墩较细,以受轴向力为主,表现出柔性墩的特性,这使得梁部受力仍然体现出连续梁的受力特点。这种桥式保持了连续梁的受力优点,节省了大型支座的费用,减少了墩及基础的工程量,改善了结构在水平荷载下的受力性能,有利于简化施工工序,适用于需要布置大跨、高墩的桥位。

图3-33 连续刚构桥

(4)悬索桥(吊桥)。**悬索桥又称为吊桥,是指以通过索塔悬挂并锚固于两岸(或桥两端)的缆索(或钢链)作为上部结构主要承重构件的桥梁。**其缆索几何形状由力的平衡条件决定,一般接近抛物线。从缆索垂下许多吊杆,将桥面吊住,在桥面和吊杆之间常设置加劲梁,同缆索形成组合体系,以减小荷载所引起的挠度变形。

悬索桥是以承受拉力的缆索或链索作为主要承重构件的桥梁,由悬索、索塔、锚碇、吊杆、桥面系等部分组成。悬索桥的主要承重构件是悬索,它主要承受拉力,一般用抗拉强度高的钢材(钢丝、钢缆等)制作。现代悬索桥的悬索一般均支承在两个塔柱上。塔顶设有支承悬索的鞍形支座。承受很大拉力悬索的端部通过锚碇固定在地基中,如图3-34所示;也有固定在刚性梁的端部(自锚式悬索桥),如图3-35所示。

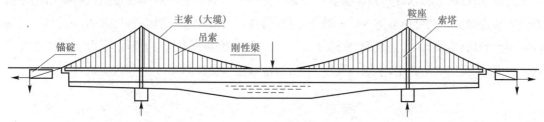

图3-34 悬索桥的组成示意(地锚式)

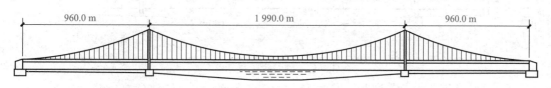

图3-35 自锚式悬索桥

悬索桥的适用范围以大跨度及特大跨度公路桥为主,当今大跨度桥梁全采用此结构,其是大跨径桥梁的主要形式。由于悬索桥可以充分利用材料的强度,并具有用料省、自重轻的特点,因此,悬索桥在各种体系桥梁中的跨越能力最大,跨径可以达到1 000 m以上。1998年建成的日本明石海峡大桥的跨径为1 991 m,是目前世界上跨径最大的悬索桥,如图3-36所示。悬索桥的主要缺点是刚度小,在荷载作用下容易产生较大的挠度和振动,需注意采取相应的措施。

图3-36 日本明石海峡大桥

对跨度小、活载大且加劲梁较刚性的悬索桥,可以视为缆与梁的组合体系,但大跨度悬索桥的主要承重结构为缆,组合体系效应可以忽略。在竖向荷载作用下,其悬索受拉,锚锭处会产生较大向上的竖向反力和水平反力。悬索是由高强度钢丝制成的圆形大缆,加劲梁则多采用钢桁架或扁平箱梁,桥塔可采用钢筋混凝土或钢架。因悬索的抗拉性能得以充分发挥且大缆尺寸基本上不受限制,故悬索桥的跨越能力在各种桥型中具有无可比拟的优势。但是,由于悬索结构刚度不足,因此,悬索桥较难满足铁路用桥的要求。

(5)斜拉桥。斜拉桥又称为斜张桥,是将主梁用许多拉索直接拉在桥塔上的一种桥梁,是由承压的塔、受拉的索和承弯的梁体组合起来的一种结构体系。其可看作是拉索代替支墩的多跨弹性支承连续梁。其可使梁体内弯矩减小,降低建筑高度,减轻了结构质量,节省了材料。斜拉桥主要由索塔、主梁、斜拉索组成,如图3-37所示。其结构形式多样,造型优美、壮观。在竖向荷载作用下,主梁以受弯为主,索塔以受压为主,斜拉索则承受拉力。

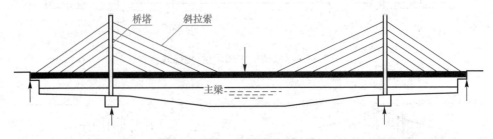

图3-37 斜拉桥组成示意

斜拉桥由许多直接连接到塔上的钢缆吊起桥面,是一种自锚式体系,斜拉索的水平力由梁承受。梁除支承在墩台上外,还支承在由塔柱引出的斜拉索上。梁体被斜拉索多点扣住,表现出弹性支承连续梁的特点。这样,梁体荷载弯矩减小,梁体高度就会降低,从而减轻结构自重并节省了材料。另外,塔和斜拉索的材料性能也能得到较充分的发挥。因此,斜拉桥作为一种拉索体系,比梁式桥的跨越能力更大,是大跨度桥梁的最主要桥型,其跨越能力仅次于悬索桥,是近几十年来发展很快的一种桥型,但由于刚度受到限制,斜拉桥在铁路桥梁的应用极为有限。

芜湖长江大桥为梁和拉索组成的斜拉桥,如图 3-38 所示。其是一种由主梁与斜缆相组合的组合体系。悬挂在塔柱上的斜缆将主梁吊住,使主梁像多点弹性支承的连续梁一样工作,这样既发挥了高强材料的作用,又显著减少了主梁截面,使结构自重减轻,从而能跨越更大的空间。

图 3-38 芜湖长江大桥

3.1.4 桥梁专有名词及术语

桥梁专有名词及术语如图 3-39 所示。

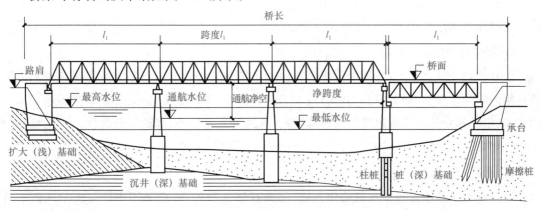

图 3-39 桥梁专有名词及术语

1. 跨度

跨度也称为跨径,表示桥梁的跨越能力,对多跨桥梁,最大跨度称为主跨,跨度是表征桥梁技术水平的重要指标。

(1)净跨径。净跨径对于梁式桥是指设计洪水位上相邻两个桥墩(桥台)中线之间的水平净距;净跨径对于拱式桥是指每孔拱跨两个拱脚截面最低点之间的水平距离。

(2)总跨径。总跨径是指多孔桥梁中各孔净跨径的总和,也称为桥梁孔径,它反映了桥下宣泄洪水的能力。

(3)计算跨径。计算跨径主要针对有支座的桥梁,是指桥跨结构相邻两个支座中心之间的水平距离;对于不设支座的桥梁则为上、下部结构的相交面之中心间的水平距离。计算跨径是桥梁结构受力分析时的重要参数。

(4)标准跨径。标准跨径对于公路桥梁,是指以两桥墩之间桥中心线长度或桥墩中线与桥台台背前缘线之间桥中心线长度;对于铁路桥梁,则以计算跨径作为标准跨径。

2. 桥梁全长

对于梁式桥,两桥台侧墙或八字墙尾端之间的距离称为桥梁全长。对于无桥台的桥梁,桥梁全长为桥面系行车道的全长。两桥台台背前缘之间的距离,称为多孔跨径总长或桥梁总长。

3. 桥下净空高度

设计洪水位或计算通航水位至桥跨结构最下缘之间的距离称为桥下净空高度;对于跨线桥,桥下净空高度是指上部结构最低点至桥下线路路面顶面之间的垂直距离。

(1)**拱桥净矢高**。拱桥净矢高是指拱顶截面下缘至相邻两拱脚截面最低点连线的垂直距离。

(2)**拱桥计算矢高**。拱桥计算矢高是指拱顶截面形心至相邻两拱脚截面形心连线的垂直距离。

(3)**拱桥矢跨比**。拱桥矢跨比是指拱桥中拱圈(或拱肋)的计算矢高与计算跨径之比,也称为拱矢高,是反映拱桥受力特性的一个重要指标。

(4)**桥梁建筑高度**。桥梁建筑高度是指桥面到桥跨结构最下缘的高差。公路或铁路桥定线中所确定的桥面(或轨底)标高与通航及排洪要求所规定的净空高度之差,为容许建筑高度。桥梁建筑高度不得大于容许建筑高度。

4. 正桥与引桥

对规模较大的桥梁工程,桥梁组成通常包含正桥与引桥两部分。正桥是指桥梁跨越主要障碍物的结构部分,一般采用跨越能力较大的结构体系,需要较深的基础,是整个桥梁工程中的重点;引桥是指连接正桥和路堤的桥梁区段,其跨度一般较小,基础一般较浅。在正桥和引桥的分界处,有时还会设置桥头建筑。

5. 涵洞

涵洞是用来宣泄路堤下水流的构造物,通常在建造涵洞处,路堤不中断。为了区别于桥梁,《公路工程技术标准》(JTG B01—2014)中规定,凡是多孔跨径的全长小于 8 m 和单孔跨径小于 5 m 的泄水结构物,均称为涵洞。

6. 水位

(1)**低水位**:河流中的水位是变动的,在枯水季节的最低水位称为低水位。

(2)**最高水位**:在江河、湖泊的某一地点,经过长时期对水位的观测后,得出的最高水位值,称为最高水位。因此,最高水位必须指明其时间性,如年最高、月最高、若干年最高及历史最高。最高水位在桥梁工程与防洪工程设计上具有重要的意义。为了防止水患,一般在河流的堤坝上都有一个警戒水位。如果水的高度超过了警戒水位,就应提防小心,采取措施。历史上达到的最高水位往往比警戒水位要高。

(3)设计洪水位:桥梁设计中规定的设计洪水频率计算所得的高水位,称为设计洪水位。在大坝建设中,当遇到大坝设计标准洪水时,水库经调洪后(坝前)达到的最高水位,也称为设计洪水位。

3.2 桥梁基坑基础工程识图与构造

3.2.1 桥梁基坑工程识图与构造

基坑是在基础设计位置按基底标高和基础平面尺寸所开挖的土坑。城市桥梁工程基坑主要用于承台、桥台和扩大基础施工,一般可分为无支护和有支护两类。

1. 无支护基坑

基础埋置不深,施工工期较短,挖基坑时不影响邻近建筑物的安全,或者地下水水位低于基底,或者渗透量小,在不影响坑壁稳定性的情况下,可采用无支护基坑形式。

无支护基坑的坑壁形式可分为垂直坑壁、斜坡、阶梯形坑壁以及变坡度坑壁。

2. 有支护基坑

有支护基坑形式适用于基坑壁土质不稳定,并且有地下水的影响;放坡土方开挖工程量过大,不经济;容易受到施工场地或邻近建筑物限制,不能采用放坡开挖。常用的基坑支护方式如下:

(1)地下连续墙护壁(图 3-40)。在基础工程中,地面上采用一种挖槽机械,沿着深开挖工程的周边轴线,在泥浆护壁条件下,开挖出一条狭长的深槽。待清槽后,在槽内吊放钢筋笼,然后用导管法灌注水下混凝土筑成一个单元槽段(图 3-41),如此逐段进行,在地下筑成一道连续的钢筋混凝土墙壁,作为截水、防渗、承重、挡水结构。可用于密集建筑群中建造深基坑支护,地下深池、坑、竖井侧墙、邻近建筑物基础的支护及水工结构或临时围堰工程等,特别适用于挡土、防渗结构。

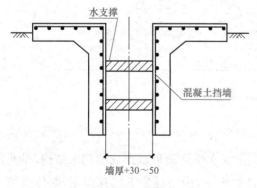

图 3-40 地下连续墙示意

图 3-41 地下连续墙施工(浇筑混凝土)

(2)土层锚杆支护。土层锚杆支护方法是在地面或深开挖的地下挡土墙或地下连续墙或基坑立壁未开挖的土层内钻孔,达到一定设计深度后,再扩大孔的端部,形成球状或其他形状,并在孔内放入钢筋、钢管、钢丝束、钢绞线或其他抗拉材料,灌入水泥浆或化学浆液,使之与土层结合成为抗拉(拔)力强的锚杆,如图3-42所示。锚杆端部与护壁桩连接,防止土壁坍塌或滑坡,以维持工程构筑物所支护底层的稳定性。土层锚杆施工技术,在国内外广泛应用于地下结构的临时支护和作永久性建筑工程。

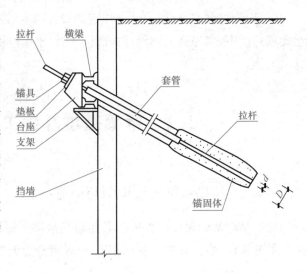

图3-42 土层锚杆构造图

土层锚杆一端锚固在稳定的地层中,另一端与支护结构的挡墙相连接,将支护结构和其他结构所承受的荷载通过拉杆传递到锚固体上,再由锚固体将传来的荷载分散到周围稳定的地层中去。锚杆支护体系由支护挡墙、腰梁及托架、锚杆三部分组成。

(3)围堰。围堰是指在水利工程建设中,为建造永久性水利设施,修建的临时性围护结构。其作用是防止水和土进入建筑物的修建位置,以便在围堰内排水,开挖基坑,修筑建筑物。围堰主要用于水工建筑中,除作为正式建筑物的一部分外,一般在用完后拆除。因此,围堰是保证基础工程开挖、砌筑、浇筑等的临时挡水构筑物。围堰的形式和适用范围主要有以下几种。

视频:围堰

1)土石围堰(图3-43)。土石围堰适用于水深在2 m以内,流速为0.5 m/s,其在河床土质渗水较小、近浅滩的河边尤为适用。土石围堰由土石填筑而成,多用作上、下游横向围堰,它能充分利用当地材料,对基础适应性强,施工工艺简单。

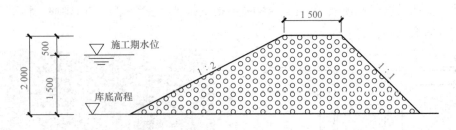

图3-43 土石围堰(单位:mm)

2)草袋围堰(图3-44)。草袋围堰适用于水深≤3 m,流速为1~2 m/s,且河床不透水的情况。草土围堰是用一层草一层土再一层草一层土在水中逐渐堆筑形成的挡水结构,是我国传统的河工技术。其下层的草土体靠上层草土体的质量,使之逐步下沉并稳定,堰体边坡很小,甚至可以没有边坡。其基本断面是矩形,断面宽度是依据水深和施工时上游壅水高度及基坑施工场地要求来确定的。

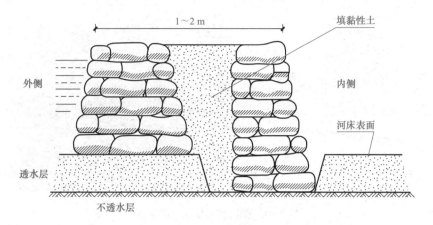

图 3-44 草袋围堰

3)**木板桩围堰**(图 3-45)。木板桩围堰适用于水深≤5 m,埋置不深的水中基础,河床土质要求是砂性土、黏性土和不含卵石的其他土质。深度不大,面积较小的基坑可采用木板桩围堰。当水不深时,可用单层木板桩,内部加支撑以平衡外部压力;当水较深时,可用双壁木板桩,必要时可在板桩外围加填土堰,但水流速度不宜超过 0.5 m/s。

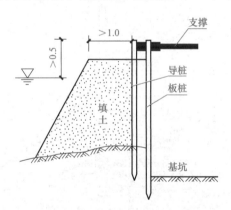

图 3-45 木板桩围堰

4)**钢板桩围堰**。钢板桩围堰是最常用的一种板桩围堰,适用于各类土的渗水基础,除用于挡水防水外,还可作为基础结构的一部分,可采取拔除周转使用,能节约大量木材。钢板桩是带有锁口的一种型钢,其截面有直板形、槽形及 Z 形(图 3-46)等,有各种大小尺寸及连锁形式。其优点是:强度高,容易打入坚硬土层;可在深水中施工,防水性能好;能按需要组成各种外形的围堰,并可多次重复使用,因此,它的用途广泛。在桥梁施工中,常用于沉井顶的围堰,管柱基础、桩基础及明挖基础的围堰等,如图 3-47 所示。

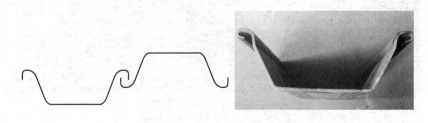

图 3-46 钢板桩拼接示意简图及实际外观(平面)

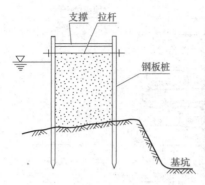

图 3-47　钢板桩围堰示意及施工

5)混凝土围堰。混凝土围堰一般在河床无覆盖层的岩面,且水压较高处使用。它的主要特点是耐冲刷、安全性大、防透水性好,可以考虑作为永久性结构物的一部分(图 3-48),但其施工较困难。混凝土围堰主要用于水工建筑中,在其他土木工程中较少采用。如图 3-49 所示,三峡工程采用的就是混凝土围堰。

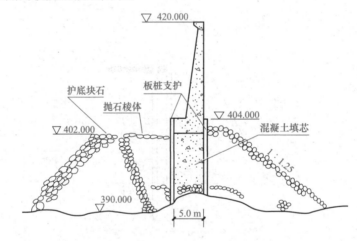

图 3-48　某混凝土围堰示意

图 3-49　三峡工程混凝土围堰

在桥梁基础施工中,当桥梁墩、台基础位于地表水位以下时,可根据当地材料修筑成各种形式的土堰;在水较深且流速较大的河流可采用木板桩或钢板桩(单层或双层)围堰。围堰既可以防水、围水,又可以支撑基坑的坑壁。

3.2.2 桥梁基础形式与构造

桥梁基础的作用是承受上部结构传递来的全部荷载,并将它们和下部结构荷载传递给地基。因此,为了全桥的安全和正常使用,要求地基和基础要有足够的强度、刚度和整体稳定性,使其不产生过大的水平变位或不均匀沉降。

桥梁基础可大致分为浅置基础和深置基础两大类。浅置基础主要有直接基础(又称为扩大基础或明挖基础)和浮桥浮体形式两种;浅置基础用于地基地质情况较好的条件下或无须在土层中建造的基础。深置基础则包括桩基础、沉井基础等多种形式。深置基础需要将基础深置,使其达到地质状况较好的地层(如岩石),以利于承受荷载。与一般建筑物基础相比,桥梁基础通常埋置较深。

1. 明挖基础

明挖基础也称为扩大基础,只需直接开挖基坑到设计深度,砌筑块石或浇筑钢筋混凝土基础即可,其埋置深度较其他类型基础浅,故称为浅基础,如图 3-50 所示。明挖基础构造简单,由于所用材料不能承受较大的拉应力,故基础的厚宽比要足够大,使之形成所谓刚性基础,受力时不致产生挠曲变形。为了节省材料,这类基础的立面往往砌成台阶形,平面将根据墩台截面形状而采用矩形、圆形、T 形或多边形等,如图 3-51 所示。建造这种基础多用明挖基坑的方法施工。在陆地开挖基坑,将视基坑深浅、土质好坏和地下水水位高低等因素,来判断是否采用坑壁支护,在水中开挖则应先修筑围堰。

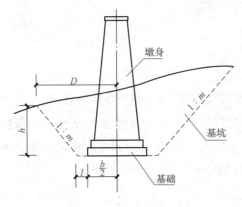

图 3-50 明挖基础示意   图 3-51 某明挖基础

明挖基础适用于浅层土较坚实,且水流冲刷不严重的浅水地区。由于其构造简单、埋深浅、施工容易,加上可以就地取材,故造价低廉,被广泛用于中、小桥涵及旱桥。

2. 浮桥浮体

浮桥浮体一般用于浮桥,其基础采用船只、油桶或圆木等相连接,如图 3-52 所示。

图 3-52　浮桥浮体(船只)

3. 桩基础

桩基础由基桩和连接于桩顶的承台共同组成。若桩身全部埋于土中,承台底面与土体接触,则称为低承台桩基;若桩身上部露出地面而承台底位于地面以上,则称为高承台桩基,如图 3-53 所示。建筑桩基通常为低承台桩基础。在高层建筑中,桩基础应用广泛。桩的作用是将上部建筑物的荷载传递到深处承载力较强的土层上,或将软弱土层挤密实以提高地基土的承载能力和密实度。外力通过承台分配到各桩头,再通过桩身及桩端将力传递到周围土及桩端深层土中,故属于深基础。

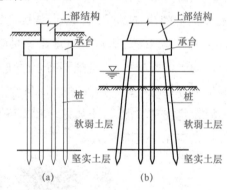

图 3-53　桩基础示意

(a)低承台桩基础;(b)高承台桩基础

桩基础适用于土质深厚处。在所有深基础中,它的结构最轻,施工机械化程度较高,施工进度较快,是一种较经济的基础结构。桩基础工程技术经历了几千年的发展过程,无论是桩基材料和桩类型,或者是桩基础工程机械和施工方法都有了巨大的发展,已经形成了现代化基础工程体系。在某些情况下,采用桩基可以大量减少施工现场的工作量和材料的消耗。

(1)按照基础的受力原理划分。

1)端承桩:是使基桩坐落于承载层上(岩盘上)使之可以承载构造物,这样的桩称为端承桩。端承桩在竖向极限荷载作用下,桩顶荷载全部或主要由桩端阻力承受,桩侧阻力相对桩端阻力而言较小或可忽略不计,如图 3-54(a)所示。

2)摩擦桩:如果桩穿过并支撑在各种压缩土层,并且主要依靠桩侧土的摩阻力支撑垂直荷载,即利用地层与基桩的摩擦力来承载构造物,这样的桩就称为摩擦桩。其一般适用于地层无坚硬的承载层或承载层较深的情况,如图 3-54(b)所示。

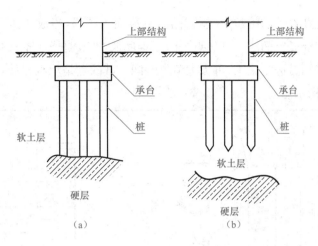

图 3-54 端承桩与摩擦桩

(a)端承桩;(b)摩擦桩

(2)按照施工方式划分。

1)**预制桩**:是指在工厂或施工现场制成的各种材料、各种形式的桩(如木桩、混凝土方桩、预应力混凝土管桩、钢桩等),用沉桩设备将桩打入、压入或振入土中。中国建筑施工领域采用较多的预制桩主要是混凝土预制桩和钢桩两大类。其优点是材料省、强度高、适用于较高要求的建筑;缺点是施工难度高,受机械数量限制施工时间长。如图 3-55 所示为某钢筋混凝土方桩结构示意。

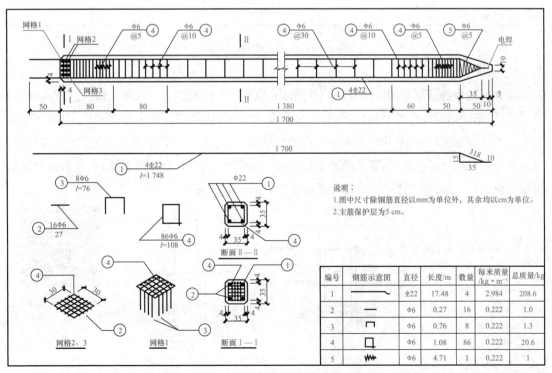

说明:
1.图中尺寸除钢筋直径以mm为单位外,其余均以cm为单位。
2.主筋保护层为5 cm。

编号	钢筋示意图	直径	长度/m	数量	每米质量/kg·m⁻¹	总质量/kg
1		Φ22	17.48	4	2.984	208.6
2		Φ6	0.27	16	0.222	1.0
3		Φ6	0.76	8	0.222	1.3
4		Φ6	1.08	86	0.222	20.6
5		Φ6	4.71	1	0.222	1

图 3-55 某钢筋混凝土方桩结构示意

2）灌注桩：首先在设计的桩位上进行开孔，其截面为圆形，当成孔达到所需深度后，在孔内加放钢筋笼，灌注混凝土而成。其优点是施工难度低，尤其是人工挖孔桩，可以不受机械数量的限制，所有桩基同时进行施工，可大大节省时间。其缺点是承载力低，费材料。如图3-56所示为某灌注桩结构示意。

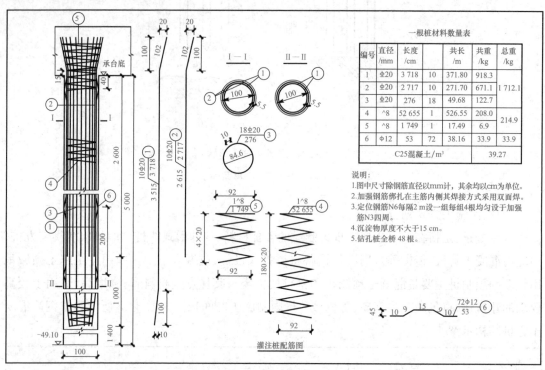

图 3-56　某灌注桩结构示意

4. 沉井基础

沉井是用钢筋混凝土制成的井筒，下有刃脚，以利于下沉和封底。在施工时，先按基础的外形尺寸，在基础的设计位置上制成井筒，然后在井内挖土，使井筒在自重及配重作用下，克服土的摩阻力缓缓下沉；当底节井筒顶面下沉到接近地面时，再接第二节井筒，继续挖土，逐步接筑，直至下沉到设计标高。最后，灌注混凝土封底，并用混凝土或砂砾石填充井孔；在顶部浇筑钢筋混凝土顶板，形成深埋实体基础。沉井基础示意如图3-57所示。

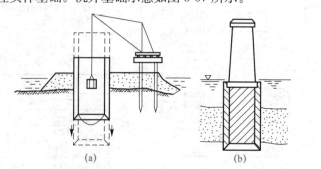

视频：沉井基础

图 3-57　沉井基础示意

（a）沉井施工；（b）沉井示意图

由于沉井基础埋深较大、整体性好、稳定性好，具有较大的承载面积，能承受较大的垂直和水平荷载。其施工工艺简便，技术稳妥、可靠，无须特殊专业设备，并可做成补偿性基础，避免过大沉降，故其在深基础或地下结构中应用较为广泛，如桥梁墩台基础、地下泵房、水池、油库、矿用竖井以及大型设备基础、高层和超高层建筑物的基础。但沉井基础施工工期较长，粉砂、细砂类土在井内抽水时易发生流砂现象，造成沉井倾斜；在沉井下沉过程中遇到的大孤石、树干或井底岩层表面倾斜过大，也将给施工带来一定的困难。

(1)沉井基础断面形式及特点。

1)圆形断面：沉井四周受土压力、水压力的作用。从受力条件看，圆形沉井的优点是抵抗水平压力性能较好，形状对称，下沉过程不易倾斜；其缺点是往往与基础形状不相适应，如图 3-58(a)所示。

2)矩形断面：矩形使用较方便，立模简单。其缺点是在侧向压力作用下，井壁要承受较大弯矩。为减少转角处的集中应力，四角应做成圆角。当平面尺寸较大时，可在井孔中设置隔墙，以提高沉井的刚度，且成为双孔或多孔，比单孔下沉容易纠偏。如图 3-58(b)(c)(d)(f)所示。

3)圆端形断面：适用于圆端形的桥墩墩身，但立模相对比较麻烦。同样，当平面尺寸较大时，也可在井孔中设置隔墙，成为双孔或多孔，如图 3-58(e)所示。

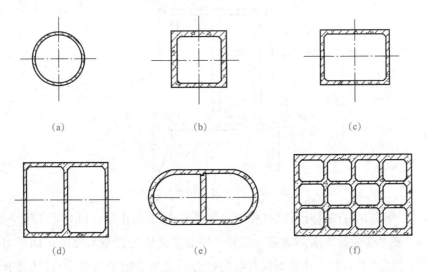

图 3-58　沉井基础断面形式

(2)沉井基础立面形式及特点。

1)柱形立面：此形式沉井基础与四周土体互相贴紧，如井内挖土均匀，井筒下沉一般不易倾斜。但当沉井外壁图的摩擦力较大或土的坚软程度差异明显，均会导致井筒被卡或偏斜，校正纠偏在一定程度上难度加大，如图 3-59(a)所示。

2)外侧阶梯形立面：沉井井壁受土压力和水压力作用，随深度增加而增大，因此，下部井壁较厚，上部相对减薄形成阶梯形立面。地基土比较密实时，为减少井筒下沉的困难，将阶梯设置于井壁外侧。阶梯的宽度一般为 10～15 cm，刃脚处阶梯的高度为 1.2～2.2 m，这样除底节外的其他各节井壁与土的摩擦力都下降很多,如图3-59(b)所示。

3)内侧阶梯形立面:为避免井周土体破坏范围过大,可把阶梯设在内侧,外壁直立,但内侧阶梯容易影响取土机具升降,较少采用,如图3-59(c)所示。

4)锥形立面:此形式沉井基础带斜坡,坡比一般为1/20~1/50,下沉阻力小,下沉不稳,制作较困难,如图3-59(d)所示。

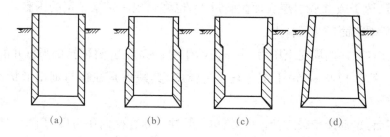

图3-59　沉井基础立面形式

(a)柱形立面;(b)外侧阶梯形立面;(c)内侧阶梯形立面;(d)锥形立面

(3)沉井基础组成及构造。如图3-60所示,沉井一般由井筒(井壁)、刃脚、隔墙、井孔、顶板、凹槽及底板等构造组成。

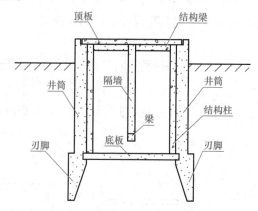

图3-60　沉井基础组成及构造

1)井筒(井壁):井筒在沉井下沉过程中起到挡土、挡水的作用。沉井施工完毕后,井筒成为基础一部分将上部荷载传递到地基。沉井主要是靠井壁的自重来克服正面阻力和侧面阻力而下沉的。因此,要求沉井井壁不仅要有足够的强度承受施工荷载,而且还要有一定的质量,以便满足沉井下沉的要求。因此,井壁厚度主要取决于沉井大小、下沉速度、土层的物理力学性质及沉井能在足够的自重下顺利下沉的条件来确定。

2)刃脚:刃脚是指井壁最下端形如刀刃状的部分,其作用是减少下沉阻力,在沉井自重作用下易于切土下沉。刃脚还应具有一定的强度,以免在下沉过程中损坏。刃脚有多重形式,包括普通刃脚(适用于下沉中不会遇到障碍的情况)、钢筋加固或包有角钢刃脚(适用于需通过紧密土层的情况)、钢刃尖刃脚(适用于需穿过坚硬土层或岩石的情况)。

3)隔墙:根据使用和结构上的需要,在沉井井筒内需设置内隔墙。大尺寸沉井的隔墙,底面要高出刃脚50 cm以上,避免妨碍沉井下沉。内隔墙的主要作用是增加沉井在下沉过程中的刚度,减小井壁受力计算跨度。同时,又把整个沉井分隔成多个施工井孔(取土井),使挖土和下沉可以较均衡地进行,也便于沉井偏斜时的纠偏。内隔墙因不承受水土压力,所以,其厚度较沉井,外壁要薄一些。

4)井孔:沉井内设置的内隔墙或纵横隔墙或纵横框架的形成的格子称为井孔。井孔尺寸应满足工艺要求。它是挖土排土的工作场所和通道,其大小视取土方法而定。

5)顶板:顶板是指传递沉井上部荷载的构件,其一般为钢筋混凝土结构。

6)凹槽:当沉井下沉到设计标高,经过技术检验并对井底清理整平后,即可封底,以防止地下水渗入井内。为了使封底混凝土和底板与井壁间有更好的连接,以传递基底反力,使沉井成为空间结构受力体系,常于刃脚上方井壁内侧预留凹槽,以便在该处浇筑钢筋混凝土底板和楼板及井内结构。凹槽的高度应根据底板厚度决定,主要为传递底板反力而采取的构造措施。凹槽底面一般距离刃脚踏面 2.5 m 左右,凹入深度为 150~250 mm。槽高约为 1.0 m,接近于封底混凝土的厚度,以保证封底工作顺利进行。若井孔为全部填实的实心沉井,也可以不设凹槽。

7)底板:底板又称为封底混凝土,将墩台的全部荷载传递到地基的承重结构,其厚度根据承受压力的设计要求而定,底板顶面应高出刃脚根部并浇筑到凹槽上端,封底混凝土必须与基底及井壁都紧密结合。

【例 3-1】 结合图 3-1~图 3-3 所示,了解该桥梁基础情况。

【分析】 图 3-1 所示为桥型布置图,在该图说明中可以了解桥梁基础的类型,通过立面图可以识读基础正立面情况;图 3-2 所示为桩位平面图,可以识读基础平面状况;图 3-3 为桥梁横断面图,可以识读基础侧立面状况。结合图 3-1~图 3-3,可从正立面、平面和侧立面三视角度对基础的构造进行比较完整的了解。

视频:【例 3-1】

【读图】 通过图 3-1 中说明的第 5 条和第 8 条可知,该桥梁采用钻孔灌注桩基础,且按嵌岩桩设计,桩基嵌入中风化砂岩的深度不得小于 1 m。

结合图 3-1 中的立面图和图 3-3 的桥梁横断面图可知,0~4 号桥台桥墩下方的桩基础的桩底标高为 -13.5 m,5~6 号桥台桥墩下方的桩基础的桩底标高为 -16 m,所有桩基的平均桩顶标高为 -1.6 m。该桩基础直径为 1 200 mm(从图 3-3 说明第 1 条可知,图中尺寸除高程以 m 计外,其余均以 mm 计)采用 C35F300 混凝土灌注。

从图 3-2 可知,该桥梁桩基础一共有 28 根,编号为 Z1~Z28。每一个桥台或桥墩下方均布置 4 根桩,相邻两桩的间距为 5 000 mm(桩心至桩心之间)。

3.3 桥梁墩台、支座识图与构造

桥梁墩台是桥墩和桥台的合称,是支承桥梁上部结构的结构物,它与基础统称为桥梁下部结构。其主要作用是承受上部结构传递来的荷载,并通过基础又将它及本身自重传递给地基。墩台是决定桥梁高度和平面位置的主要因素,它受地形、地质、水文和气候等自然因素影响较大。

桥梁墩台不仅本身应具有足够的强度、刚度和稳定性,而且对地基的承载能力、沉降量,地基与基础之间的摩阻力等也都提出一定的要求,以避免在这些作用下有过大的水平位移、转动或者沉降发生。同时,桥梁墩台还应满足在使用过程中安全耐久、造价低、易维护且成本低、施工方便且工期短以及美学上的要求等。

3.3.1 桥墩识图与构造

桥墩是多跨桥梁的中间支承结构物,既承受上部结构荷载,又承受水流、风等自然力及可能出现的冰荷载、船只、排筏或漂浮物的撞击力。

桥墩按不同的划分方法,可分成不同类型,见表 3-1。

表 3-1 桥墩类型分类表

划分方法	类型	
按构造	实体桥墩	空心桥墩
	柱(桩柱)式桥墩	框架桥墩
按截面形式	矩形桥墩	圆形桥墩
	圆端形桥墩	尖端形桥墩
按施工工艺	就地浇(砌)筑桥墩	预制安装桥墩
按受力	刚性桥墩	柔性桥墩

1. 按构造划分

(1)实体桥墩。实体桥墩由实体结构组成,按其截面尺寸和桥墩重力的不同,又可分为实体重力式和实体薄壁式两种,如图 3-61 所示。

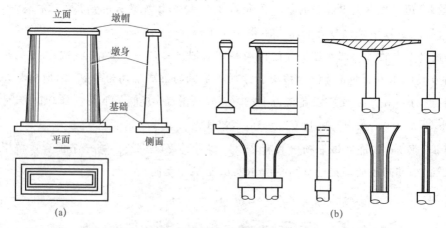

图 3-61 实体桥墩

(a)实体重力式桥墩;(b)实体薄壁式桥墩

1)实体重力式桥墩。实体重力式桥墩采用实体圬工材料,其优点是能靠自身质量平衡外力,保证其强度和稳定,自身刚度大,具有较强的防撞能力;其缺点是阻水面积大。实体重力式桥墩适合建于承载力较高、覆盖层较薄的地层,基岩埋深较浅的地基上。

2)**实体薄壁式(轻型)桥墩**。实体薄壁式(轻型)桥墩采用混凝土、浆砌块石或钢筋混凝土材料,其优点是显著减少了圬工体积;其缺点是抗冲击力、防撞能力较差。不宜用在流速大并夹有大量泥沙的河流或可能有船舶、冰、漂流物撞击的河流中建造;实体薄壁式(轻型)桥墩一般用于中小跨径桥梁上。

实体桥墩由墩帽、墩身和基础构成,如图 3-62 所示。

①墩帽是桥墩顶端的传力部分,它通过支座承托上部结构的荷载,将相当大的较为集中的力,分散均匀地传给墩身。因此,对墩帽的厚度和强度要求较高。

②墩身是桥墩的主体。通常由块石,混凝土或钢筋混凝土这几种材料建造,它承受墩帽传递下来的垂直荷载,并将其传递给基础及地基。

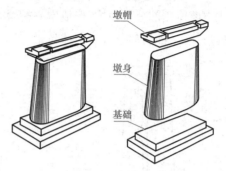

图 3-62 实体重力式桥墩组成示意

③基础介于墩身与地基之间,承受墩身传递的荷载,并将其传递给地基。基础种类很多,详见本章 3.2.2 小节内容。如图 3-62 所示为实体重力式桥墩的刚性扩大基础。

工程中一般采用三面正投影(即三视图)来表达桥墩的具体构造。

如图 3-63 所示,为某重力式桥墩构造图。从图中可知,该桥墩采用二阶矩形扩大基础,其尺寸为:一阶850 mm×450 mm×100 mm,二阶 750 mm×350 mm×100 mm,一阶比二阶各边宽出50 mm。由平面图可知,桥墩的墩身为圆端形截面;由正面图、立面图和平面图可知,墩身下大上小纵断面为梯形。墩身底部长度为 650 mm,宽度为 250 mm;墩身顶部长度为540 mm,宽度为 130 mm,圆端处直径即为宽度尺寸。桥墩的墩帽由两部分构成,下面为矩形截面,长度540+108×2=756(mm),宽度130+10×2=150(mm),其底部收口与墩身顶部长宽尺寸一致;上面为 L 形截面,长度为 776 mm,宽度为 170 mm。整个桥墩的高度为1 000 mm(不包括基础高度,基础高为200 mm)。

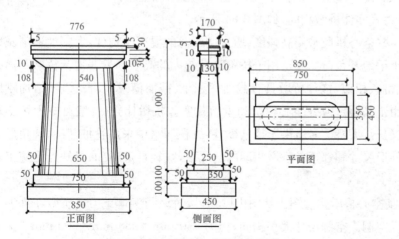

视频:某重力式
桥墩构造图

图 3-63 某重力式桥墩构造图

（2）空心桥墩。空心桥墩是一种采取薄壁钢筋混凝土的空格形桥墩，四周壁厚只有30 cm左右，为了墩壁的稳定，应在适当间距设置竖直隔墙及水平隔板。墩身内设横隔板或纵、横隔板，墩身周围应设置适当的通风孔与泄水孔，如图3-64所示。对于高大的桥墩或位于软弱地基桥位的桥墩，为了减少圬工体积、减轻自重以及减小地基的负荷，可将墩身内部做成空腔体或部分空腔体，形成空心桥墩。它介于重力式桥墩和轻型桥墩之间。空心桥墩有两种形式：一种为部分镂空实体桥墩；另一种为薄壁空心桥墩。

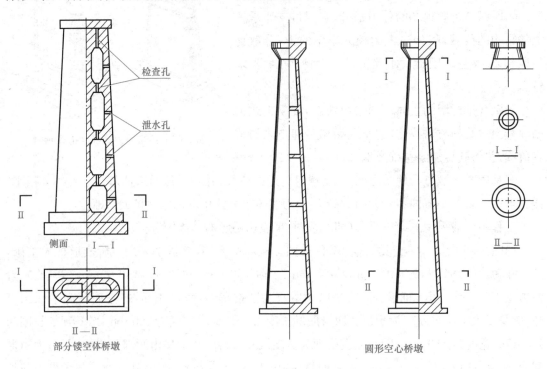

图3-64　空心桥墩示意

1）部分镂空实体桥墩：部分镂空实体桥墩在重力式桥墩基础上，镂空中心一定数量圬工体积。其构造组成与重力式实体桥墩相同，如图3-64所示。

2）薄壁空心桥墩：薄壁空心桥墩采用高强度、墩身壁较薄的混凝土构件，大幅度地削减墩身圬工体积和自重，减小了地基负荷。其适用于桥梁跨径较大的高墩和软弱地基桥墩。薄壁空心桥墩外形与重力式桥墩相似，这种桥墩具有截面面积小、截面模量大、自重轻、结构刚度和强度较好的特点，多用于高桥。薄壁空心桥墩和重力式实体桥墩比较，一般可减少圬工量40%～60%。例如，武汉长江大桥7号墩由于地基极差，故在深水中采用管桩基础、圆角形薄壁空心墩，其优点是在外形尺寸和邻近各桥墩相同的情况下，减轻自重880 t；其缺点是施工较复杂，钢材耗费量较大。

如图3-65所示，为某空心桥墩构造图。从图中可知，该桥墩与实体重力式桥墩在外形上相同，但其内部设有5个空洞。空洞尺寸大小相同，均为660 mm×288 mm×600 mm。墩身顶部400 mm高为实心，底部扩大部分的高度为900 mm，其内部空洞（即最下面一个）处壁厚度为长边方向188.5 mm，宽边方向124.5 mm。以上4个空洞的壁厚逐渐减小，最上面一个空洞顶部的壁厚仅有71.5 mm(长边与宽边处壁厚相同)。空洞之间设有厚度为100 mm的横隔板,板中设尺寸为300 mm×100 mm检查孔,与上方空洞相连通。桥墩墩身和墩帽均采用C14混凝土,墩帽(顶帽)尺寸为835 mm×340 mm×60 mm。

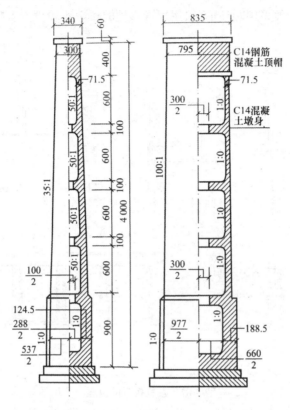

图 3-65 某空心桥墩构造示意(单位:mm)

(3)柱(桩柱)式桥墩。柱(桩柱)式桥墩由分离的两根或多根立柱(或桩柱)构成,一般包括承台、柱式墩身和盖梁等结构构件,如图 3-66 所示。

图 3-66 柱式桥墩

根据柱的数量,可分为单柱式、双柱式、哑铃式、混合双柱式、多柱式等类型,如图 3-67 所示。其优点是外形美观,圬工体积少,施工方便;缺点是因柱间空间局限,易阻滞漂浮物。柱(桩柱)式桥墩适用于桥梁宽度较大的城市桥梁和立交桥;多在浅基础或高桩承台上采用。工程中柱式桥墩的立柱一般采用圆柱形,采用矩形立柱的桥墩比较少见。柱式桥墩多用于沿河流走向的高架桥。

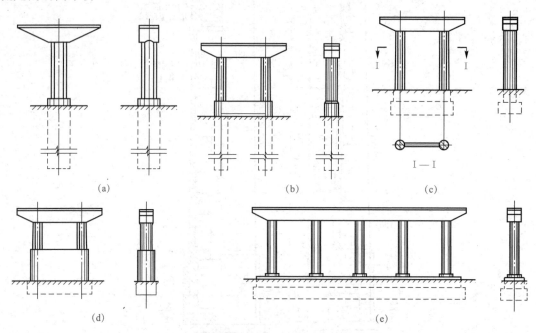

图 3-67　柱式桥墩的类型

(a)单柱式;(b)双柱式;(c)哑铃式;(d)混合双柱式;(e)多柱式

　　如图 3-68 所示,为某桩柱式桥墩构造图。该桥墩为双柱式桥墩,相应的柱身下设置一根桩基础,其直径为 120 cm。桥墩柱身直径为 100 cm,高度为 665−100−60−130 =375(cm)。两柱墩中心处间距为 520 cm。墩盖梁为 L 形截面,长度为 900 cm,宽度为 120 cm,总高度为 130+60 = 190(cm)。其底部收口至墩柱,立面呈船形。为保持墩柱的稳定性,增加结构的整体性,在两墩柱之间设置一连系梁,宽度为 70 cm,高度为 100 cm。

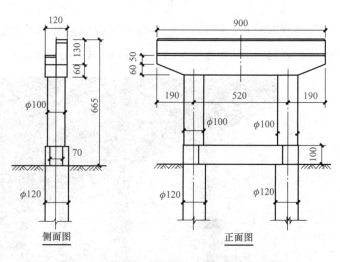

图 3-68　某桩柱式桥墩构造图(单位:cm)

　　连系梁是联系结构构件之间的系梁,主要起连接单榀框架的作用,以增大建筑物或构筑物的横向或纵向刚度;连系梁除承受自身重力荷载及上部的隔墙荷载作用外,不再承受其他荷载作用。

(4)**框架式桥墩**。框架式桥墩的墩身是采用钢筋混凝土或预应力钢筋混凝土等受力明确的压弯和挠曲构件组成的平面框架。支撑上部结构必要时,框架式桥墩在横桥向可以做成双层或多层的空间框架受力体系;在桥梁纵、横向可采用顶部分开底部连在一起的 V 形(图 3-69),顶部分开底部与直立桥墩连在一起的 Y 形(图 3-70)或顶部与底部均分开形成剪刀状的 X 形(图 3-71)的墩身结构,在现代混凝土梁桥中均较常采用。

视频:某桩柱式桥墩构造图

框架桥墩的优点是减轻墩身的质量,节约圬工材料,而且使桥梁的跨越能力大大提高,缩短了主梁跨径,降低了梁高。另外,这类桥墩轻巧美观,给桥梁建筑增加了新的艺术造型。另外,其刚度较大、适用性广,并可与桩基配合使用;其缺点在于模板工程较复杂,施工较麻烦。柱间空间小,易于阻滞漂浮物。框架桥墩适用于水深不大的浅基础或高桩承台上,而应避免在深水、深基础及漂浮物多、有木筏的河道上采用。

图 3-69　V 形桥墩

图 3-70　Y 形桥墩

图 3-71　X 形桥墩

2. 按截面形式划分

桥墩按截面形式可分为矩形、圆形、圆端形和尖端形四种类型,如图 3-72 所示。

(1)矩形桥墩。矩形桥墩因为阻水较大,不利于水流经过,多用于无水或静水处,如路上桥梁。

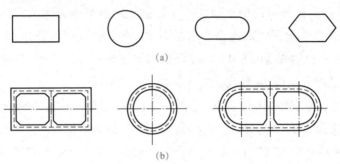

(a)

(b)

图 3-72　桥墩截面形式

(a)实心墩;(b)空心墩

(2)圆形桥墩。圆形桥墩的截面呈正圆形,有利于水流经过,但导向水流流向较差,多用于河流急弯、流向不固定或与水流斜交角大于 15°的情况。

(3)圆端形桥墩。圆端形桥墩两端呈半圆形,中间部分呈直线形,既不容易阻水,又能起到导向水流方向的作用,多用于水流斜交角小于 15°的顺直河中情况。

(4)尖端形桥墩。尖端形桥墩两端呈尖角,具有破冰作用,多用于北方冰冻地区河流中的桥梁。

3. 按施工工艺划分

(1)就地浇(砌)筑桥墩。就地浇(砌)筑桥墩采用现场组装模板,现场浇筑混凝土,现场养护。其优点是桥墩的整体性好,刚度大,抗震抗冲击性好,防水性好,对不规则平面的适应性强,开洞容易。其缺点是需要大量的模板,现场的作业量大,工期也较长。

(2)预制安装桥墩。预制安装桥墩是在工厂或预制场先将桥墩分节或分段制作好,然后在施工现场进行安装。其优点是可以节省模板,改善制作时的施工条件,提高劳动生产率,加快施工进度。其缺点是桥墩的整体性、刚度、抗震性能相对较差。

4. 按受力划分

桥墩按受力划分可分为刚性桥墩与柔性桥墩两种。一般在多跨桥的两端设置刚性较大的桥台,中墩均为柔性墩。柔性桥墩不能单独使用,需通过桥跨与纵向刚度很大的刚性桥墩串联,形成共同承受纵向水平力的结构。柔性墩体的整体刚度很小,在墩顶水平推力的作用下会发生较大的水平位移。在这种刚柔搭配的结构中,由于桥墩的水平推力是按各墩的刚度分配的,故分配到每个柔性墩上的水平推力很小。柔性墩是桥墩轻型化的途径之一。

【例 3-2】　如图 3-4 所示,识读某桥梁桥墩结构图。

【读图】　如图 3-4 所示,桥墩结构图由立面图、平面图和剖面图构成。由说明可知,图中尺寸以 mm 计,高程以 m 计算。从桥墩立面图可知,高程

视频:【例 3-2】

为—1.6 m 的泥面线以下为桩基础,以上为桥墩。

该桥墩由墩柱和墩盖梁组成,属于柱式桥墩。其中,墩柱为 4 条直径为 1 000 mm 的钢筋混凝土圆柱,相邻两条柱间距为 5 000 mm(柱中心至柱中心),柱底标高即为泥面线标高,即桩顶标高—1.6 m。墩柱中心对准桩基础中心。墩盖梁为现浇 C35F300 钢筋混凝土矩形盖梁,其尺寸为 18 040 mm×1 500 mm×1 200 mm。在墩盖梁的顶面两端,各设置了尺寸为 1 500 mm×250 mm×300 mm 的混凝土矩形挡块。

从 A—A 剖面及盖梁标高表可知,1～5 号桥墩的盖梁顶面标高均为 9.896 m。

3.3.2 桥台识图与构造

桥台与桥墩一样支撑桥跨结构物,是桥梁结构的重要组成部分。其主要由台帽、台身和基础三部分组成,如图 3-73 所示。桥台与桥墩一样,承担着桥梁上部结构所产生的荷载,并将荷载有效地传递给地基基础,起着"承上启下"的作用。桥台设置在桥梁两端,除支承桥跨结构外,同时衔接两岸接线路堤构筑物,起到挡土护岸和承受台背填土及填土上车辆荷载附加内力的作用。

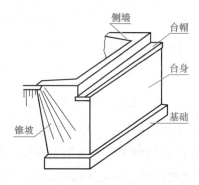

图 3-73　桥台组成示意

桥台按构造可分为重力式桥台、埋置式桥台和轻型桥台三种类型。

1. 重力式桥台

重力式桥台主要靠自身重力来平衡台后的土侧压力,桥台台身一般由圬工材料采用就地浇(砌)筑或砌筑施工建成。常用的重力式桥台有 U 形桥台、矩形桥台等,如图 3-74 所示。

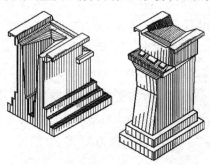

图 3-74　重力式 U 形桥台和矩形桥台

在工程实际中,梁式桥和拱式桥均较多采用U形桥台。U形桥台由前墙和两侧墙构成U形,构造简单;基底承压面大,应力较小。但其圬工体积大,两侧墙之间的台内填土易积水,增大土压力且冻胀后使桥台结构产生裂缝,一般适用于8~10 m填土高度的中等跨径桥梁。因此,U形桥台中间多采用骨料或渗水性土体来填筑,并要求设置较完善的排水设施如隔水层及台后排水盲沟,以避免土中积水,如图3-75所示。

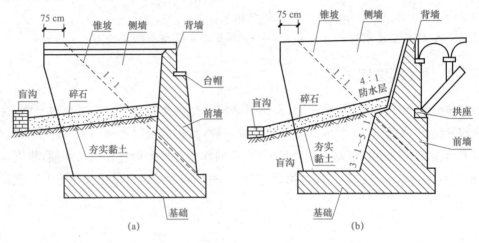

图 3-75　重力式 U 形桥台排水示意

(a)梁式桥;(b)拱式桥

U形桥台台帽的构造和尺寸要求与相应的桥墩墩帽有许多共同之处,不同的是,台帽顶面只设置单排支座,在另一侧则要砌筑挡住路堤填土的矮锥墙,或称为背墙。

背墙一般做成垂直的,并与两侧侧墙连接。如果台身放坡时,则在靠路堤一侧的坡度与台身一致。在台帽放置的支座的构造尺寸等可按相应的墩帽构造进行设计。

台身由前墙和侧墙构成,侧墙与前墙结合,兼有挡土墙和支撑墙的作用。侧墙正面一般是直立的,其长度视桥台高度和锥坡坡度而定。前墙的下缘一般与锥坡下缘相齐。因此,桥台越高,锥坡越平坦,侧墙则越长。侧墙尾端应有不小于75 cm的长度伸入路堤内,以保证与路堤有良好的衔接。台身宽度通常与路基相同。

如图3-76所示,为某U形桥台构造图。由图可知,该桥台总高度为620 cm,长度为920 cm,宽度为60+40+50+118+60+382=710(cm)。其中,台帽厚度为40+10=50(cm),顶部厚度为10 cm设置成圆角形状。前墙与侧墙顶部宽度为50 cm,三面墙身的外边线距离台身底座边缘60 cm,即缩进60 cm,墙身内侧成一定坡度,侧墙底部的宽度为50+118=168(cm),前墙由于设置了台帽,底部比侧墙宽出40 cm,即168+40=208(cm)。墙体高度为620−100=520(cm),形成上薄下厚的墙体,前墙与侧墙连为一体,结合成为U形。U形部分底部开口宽度为344+60×2=464(cm),顶部开口宽度为464+118×2=700(cm)。墙身底座后100 cm,配合台背后的U形,底座也为U形,空洞尺寸为382 cm×344 cm。

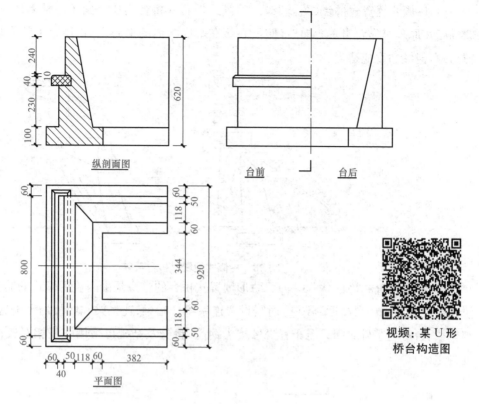

纵剖面图

台前   台后

视频：某U形
桥台构造图

平面图

图 3-76   某 U 形桥台构造图(单位:cm)

2. 埋置式桥台

桥台台身埋置于台前锥坡内,无须另设翼墙,仅露出台帽在外以安置支座及上部构造,由台帽两端的耳墙与路堤衔接,如图 3-77 所示。埋置式桥台台身为圬工实体,台帽及耳墙采用钢筋混凝土,圬工数量较节省。将台身埋在锥形护坡中,桥台所受土压力小,其体积也相应减小,但锥坡深入到桥孔,压缩了河道,有时需增加桥长。埋置式桥台适用于桥头为浅滩,锥坡受冲刷小的,填土高度在 10 m 以下的中等跨径的多跨桥梁。当地质情况较好时,可将台身挖空成拱形,以节省圬工,减轻自重。

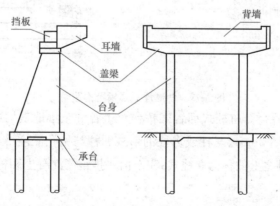

图 3-77   埋置式桥台构造示意

(1)**后倾式埋置式桥台**(图 3-78)。后倾式埋置式桥台实质上属于一种实体重力式桥台,它的工作原理是靠台身重心向后,使重心落在基底截面的形心之后,用以平衡台后填土的倾覆力矩,但倾斜度应适当。

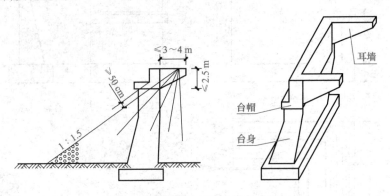

图 3-78 后倾式埋置式桥台示意

(2)**肋形埋置式桥台**(图 3-79)。肋形埋置式桥台的台身是由两块后倾式的肋板与顶面帽梁连接而成。在桥台高度≥10 m 时需设置连系梁。帽梁、连系梁和肋板均需配置钢筋,台身与帽梁、台身与基础之间只需布置少量接头钢筋,台身及基础可采用强度相对较低如 C15 的混凝土。

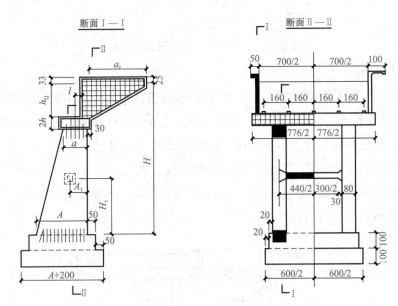

图 3-79 肋形埋置式桥台构造图

(3)**桩柱式埋置式桥台**。桩柱式埋置式桥台对于各种土壤地基均适用,根据桥宽和地基承载力可以采用双柱(图 3-80)、三柱或多柱的形式。柱与钻孔灌注桩相连的称为桩柱式;柱子嵌固在普通扩大基础之上的称为立柱式;完全由一排钢筋混凝土和桩顶盖梁(或帽)梁连接而成的称为柔性柱台。

(4)**框架式埋置式桥台**(图 3-81)。框架式埋置式桥台的优点在于其比桩柱式埋置式桥台具有更好的刚度,又比肋形埋置式桥台挖空率更高,更节约圬工体积。这种桥台结构本身存在斜杆,能产生水平分力以平衡土压力,加上台身基底较宽,又通过连系梁连接成一个框架整体,因此,稳定性较好,可用于填土高度在 5 m 以下的桥台;其缺点在于必须使用双排桩基础,钢筋和水泥用量都较大。

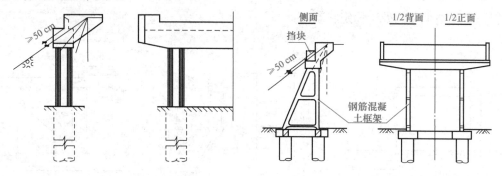

图 3-80　双柱式埋置式桥台示意　　　　图 3-81　框架式埋置式桥台示意

3. 轻型桥台

轻型桥台力求体积轻巧、自重较小,一般由钢筋混凝土建造而成,借助结构物的整体刚度和材料强度承受外力,可节省材料,降低对地基强度的要求、扩大应用范围,可用于软土地基。

(1)**薄壁轻型桥台**。薄壁轻型桥台常用的形式有悬臂式、扶壁式、撑墙式及箱式等,如图 3-82(a)所示。钢筋混凝土薄壁轻型桥台是由扶壁式挡土墙和两侧的薄壁侧墙组成的,如图 3-82(b)(c)所示。台顶由竖直于墙和支于扶壁上的水平板构成,用以支承桥跨结构。两侧薄壁可以与前墙垂直,有时也做成与前墙斜交。一般情况下,悬臂式桥台的混凝土数量和用钢量较高、撑墙式与箱式的模板用量较高。薄壁桥台的优点与薄壁桥墩类同,可依据桥台高度、地基强度和土质等因素选定。

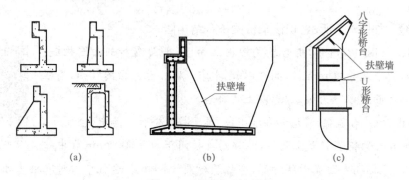

(a)　　　　　　　　　(b)　　　　　　　　　(c)

图 3-82　薄壁轻型桥台

(2)**支撑梁轻型桥台**。支撑梁轻型桥台的台身为直立的薄壁墙,台身两侧有翼墙,在条件许可的情况下,可在轻型桥台之间或台与墩间,设置 3~5 根钢筋混凝土支撑梁,如图 3-83 所示。梁与桥台设置锚固栓钉,此时,桥台与支撑梁及上部结构形成四铰框架结构系统,使上部结构与支撑梁共同支撑桥台承受台后土压力,借助两端台后的被动土压力来保持稳定。支撑梁轻型桥台单跨或少跨的小跨径桥,支撑梁设在冲刷线或河床铺砌线以下。一般适用于跨径≤13 m,桥孔≤3 孔的梁(板)桥。

(3)**加筋土桥台(锚锭板桥台)**。加筋土桥台(图 3-84)一般由台帽和竖向面板、拉杆、锚锭板及其间填料共同组合的台身组成。拉杆两端分别与竖向面板和锚锭板相连,组成加筋土的挡土结构。其工作原理是:竖向面板后填料的主动土压力作用到面板上,再通过拉杆将力传递给锚锭板,而锚锭板则依靠位于板前且具有一定抗剪能力的土体所产生的拉拔力来平衡拉杆的拉力,使整个结构处于稳定状态。

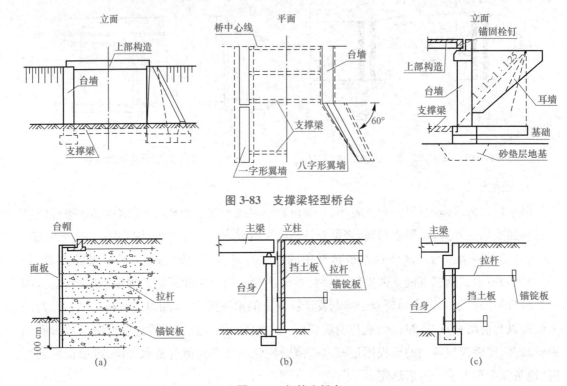

图 3-83　支撑梁轻型桥台

图 3-84　加筋土桥台

【例 3-3】　如图 3-5 所示,识读某桥梁桥台结构图。

【读图】　如图 3-5 所示,桥台结构图由立面图、平面图和剖面图构成。由说明可知,图中尺寸以 mm 计,高程以 m 计算。从桥台立面图可知,高程为 -1.6 m 的泥面线以下为桩基础,以上为桥台。

视频:【例 3-3】

该桥台由台柱、台盖梁、背墙和耳墙组成,属于柱式桥台。其中,台柱为 4 条直径 1 000 mm 的钢筋混凝土圆柱,相邻两条柱间距为 5 000 mm(柱中心至柱中心),柱底标高即为泥面线标高,即桩顶标高 -1.6 m。台柱中心对准桩基础中心。

台盖梁为现浇 C35F300 钢筋混凝土矩形盖梁,其尺寸为 18 040 mm×1 070 mm×1 200 mm。在台盖梁的顶面两端,各设置了尺寸为 1 070 mm×250 mm×300 mm 的混凝土矩形挡块。从 $A-A$ 剖面可知,台盖梁后方台背处设置了截面尺寸为 2 194 mm×420 mm 的矩形背墙,且在背墙中间设置了截面为直角梯形的凸出构造(用来搭放桥头搭板)。结合平面图和 $B-B$ 剖面可知,在背墙的两端,各设置了一块耳墙,其截面形状接近于直角梯形,其顶宽 500 mm,底宽 1 694+500=2 194(mm),高 2 470 mm。

从 $B-B$ 剖面及盖梁标高表可知,0 号和 6 号桥台的盖梁顶面标高均为 9.894 m。

3.3.3 桥梁支座识图与构造

桥梁支座是连接桥梁上部结构和下部结构的重要结构部件,它能将桥梁上部结构的反力和变形可靠地传递给桥梁下部结构,从而使结构的实际受力情况与计算的理论图式相符合。桥梁支座可分为固定支座和活动支座两大类。桥梁支座设置在桥梁上部结构与墩台之间(图 3-85),将上部结构的荷载传递给桥墩,并适应活载、温度、混凝土收缩与徐变等因素产生转角和位移,使上部结构可自由变形而不产生额外的附加内力,上、下部结构均能保持正常的受力状态。

1. 简易垫层支座

简易垫层支座是由油毡、石棉泥或水泥砂浆垫层做成的简单的支座,如图 3-86 所示。跨径为 10 m 以下的简支板、梁桥,可不设专门的支座,而将板或梁直接放在上述垫层上。这种支座变形性能较差,固定支座除设置垫层外,还应用锚栓将上、下部结构相连。如油毛毡支座的主要作用是隔离梁与墩台,且不约束梁的顺桥向变形。一般是做成三油两毡的,即两层油毛毡刷三层沥青。

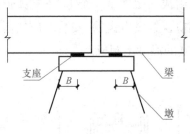

图 3-85 支座位置示意

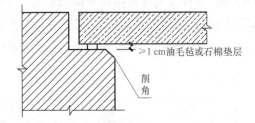

图 3-86 简易垫层支座

2. 钢支座

钢支座靠钢部件的滚动或滑动完成支座位移和转动,其承载能力突出,对桥梁位移和转动的适应性良好。

(1)平面钢板支座。平面钢板支座由上、下两块平面铸钢板(座板)构成,用于跨度小于 8 m 或 12 m 的梁式桥。座板之间如加设销钉,即可构成固定支座。

(2)弧形钢板支座(图 3-87)。弧形钢板支座是其活动支座由平支座中的下座板改为圆弧面板而成,在座板间加销钉或齿板与齿槽,可提高其滑移和转动性能,用于跨度小于 20 m 的公路桥、铁路桥。

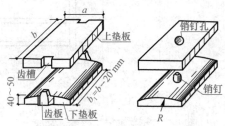

图 3-87 弧形钢板支座

（3）**辊轴钢支座**（图 3-88）。辊轴钢支座是由在铰式固定支座的下摆下面加设钢辊轴和铸钢座板而成,辊轴的数量及尺寸根据支承反力的大小来确定,其常用于大跨度梁式桥。

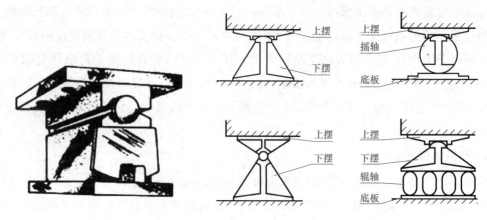

图 3-88　辊轴钢支座

3. 钢筋混凝土摆柱式支座

钢筋混凝土摆柱式支座（图 3-89）适用于跨度等于或大于 20 m 的梁式桥,能够承受较大荷载和位移。摆柱式支座由两块平面钢板和一个摆柱组成。摆柱是一个上、下有弧形钢板的钢筋混凝土短柱,两侧面设有齿板,两块平面钢板的相应位置设有齿槽,安装时应使齿板与齿槽相吻合。钢筋混凝土柱身采用强度等级为 C40～C50 的混凝土制成。

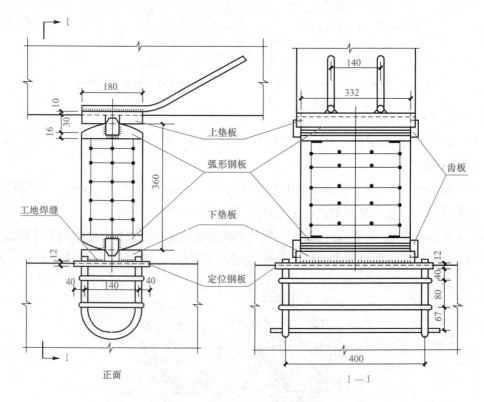

图 3-89　钢筋混凝土摆柱式支座

4. 橡胶支座

橡胶支座具有构造简单、加工方便、节省钢材、造价低、结构高度低、安装方便、减振性能好等优点。

(1)板式橡胶支座(图3-90)：常用的板式橡胶支座用几层包钢板或钢丝网做加劲层，支座处于无侧限受压状态，抗压强度不高，可用于支承反力为300 kN左右的中等跨径桥梁。

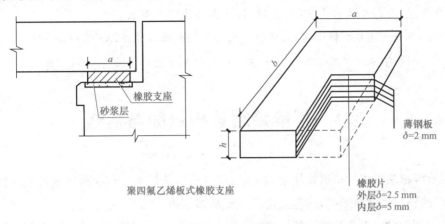

图 3-90　板式橡胶支座

(2)盆式橡胶支座(图3-91)：将纯氯丁橡胶块放置在钢制的凹形金属盆内，使橡胶处于侧限受压状态，提高了支座承载力，利用嵌放在金属盆顶面填充的聚四氟乙烯板与不锈钢板摩擦系数很小的特点，满足梁的水平位移要求。

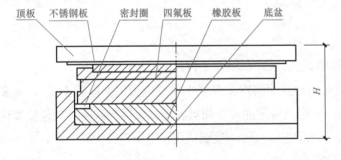

图 3-91　盆式橡胶支座

为了保证桥梁支座的施工质量，以及安装、调整、观察及更换桥梁支座的方便，不管是采用现浇梁法还是预制梁法施工，不管是安装何种类型的桥梁支座，在墩台顶设置支撑垫石都是必需的。一般应在支座底面与支撑垫石顶面之间，捣筑厚度为20～50 mm的干硬性无收缩砂浆垫层，如图3-92所示。

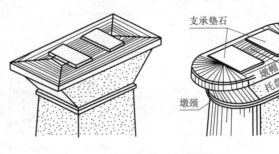

图 3-92　支座垫石

【例3-4】 如图3-6～图3-8所示,识读某桥梁支座施工图。

【读图】 通过图3-6所示桥墩盖梁支座布置图可知,1～5号桥墩上以墩盖梁中心线为轴线,对称布置两排支座,每排28个,每个桥墩上共布置56个,且该支座为圆形截面。

通过图3-7所示桥台盖梁支座布置图可知,0号和6号桥台上均布置一排28个支座,即每个桥台上28个支座,且该支座为圆形截面。

通过图3-8所示支座大样图可知,桥台采用四氟板式橡胶支座,φ250 mm×44 mm(直径×高度),共计56个;桥墩采用板式橡胶支座,φ250 mm×42 mm(直径×高度),共计280个。

3.4 桥梁跨越结构识图与构造

桥梁的跨越结构也就是通常所说的主梁,它直接承受桥上交通荷载并通过支座传递给墩台,是线路遇到障碍而中断时,跨越障碍的主要承载结构。

目前,在国内外,无论是铁路桥、公路桥或城市高架桥、立交桥等,其主梁大部分均采用钢筋混凝土或预应力钢筋混凝土结构,即采用抗压性能好的混凝土和抗拉能力强的钢筋结合在一起建造而成。预应力混凝土梁桥更是具有降低梁高和提高跨越能力的优点。预应力技术的应用有效地改善了桥梁结构的适用性。

3.4.1 跨越结构(主梁)的主要类型

1. 按截面形式划分

跨越结构按截面形式,可分为板梁式、肋板式和箱式三种。

(1)板梁式。板桥的承重结构就是矩形截面的钢筋混凝土或预应力钢筋混凝土板,其主要特点是构造简单,施工方便,建筑高度小,但其跨越能力也相对较小。板桥横截面形式包括整体式矩形实心板、装配式实心板和空心板,如图3-93所示,主要适用于中小跨径桥梁。

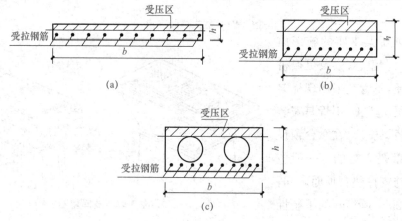

图3-93 板梁式结构断面示意

(a)整体式矩形实心板;(b)装配式实心板;(c)装配式空心板

(2)**肋板式(T形梁、I形梁)**。肋板式梁的横截面内形成明显肋形结构。其主要特点是：梁肋(或称为腹板)与顶部的钢筋混凝土桥面板结合在一起作为承重结构。肋板式梁受拉区混凝土大部分被挖空,减轻结构自重;其截面惯矩较大,抵抗弯矩的能力增大,跨越能力比板桥大;一般采用预制的 T 形梁装配而成;适用于中等跨径的桥梁。目前,我国最常采用的是装配式 T 形肋梁桥,如图 3-94 所示。

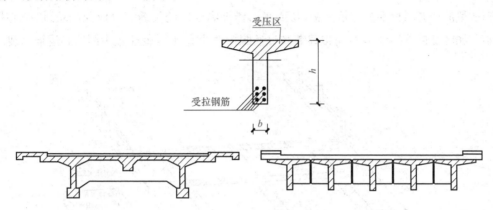

图 3-94　肋板式结构断面示意

(3)**箱式**。如图 3-95 所示,箱式梁的横截面呈一个或几个封闭的箱形。其主要特点是:挖空率大,自重小,挖空部分能很好适应布置管线等公共设施;抗弯能力强,承受正负弯矩时有足够的受压区,跨越能力大,适用于大、中跨径的悬臂梁桥和连续梁桥;抗扭刚度大,适用于修建承受有扭矩的曲线桥、斜交桥;由于底板和顶板都具有较大的混凝土面积,故不适用于钢筋混凝土简支梁桥。

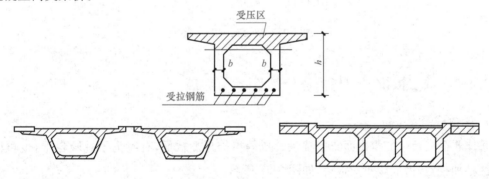

图 3-95　箱式梁结构断面示意

2. 按施工方法划分

跨越结构按施工方法,可分为整体浇筑式梁、装配式梁和组合式梁三种。

(1)**整体浇筑式梁**。主梁甚至全桥的构件都在施工现场进行。由于全桥在纵向和横向都是在现场整体现浇,因此,整体浇筑式梁桥的优点是其整体性较好,并且可以按需要做成各种外形。其缺点是现浇混凝土需要在现场进行养护作业,导致施工速度慢,工期长;而且,施工支架和模板较多,工业化程度较低。另外,现场作业受季节或气候影响较大。

(2)**装配式梁**。主梁在预制工厂或预制工地分块预制,再运输至现场吊装就位,然后在接头处把构件连接成整体。与整体浇筑式梁相比,装配式梁的优点是:桥梁构件的形式和尺寸趋于标准化,有利于大规模工业化制造;在工厂或预制场内集中管理进行工业化预制生产,可充分采用先进的机械化施工技术,以节省劳动力和降低劳动强度,从而提高工程质量和劳动生产率,显著降低工程造价;构件的制造不受自然环境的影响,并且上、下部结构可同时施工,大大加快桥梁的建造速度,缩短工期;有利于节省大量支架模板等材料的消耗。

(3)**组合式梁**。组合式梁也是一种装配式的桥跨结构,但它是用纵向水平缝将桥梁分割成工字形的梁肋或开口槽形梁和桥面板,桥面板再借助纵横向的竖缝划分成预制块件(空心板或微弯板),如图 3-96 所示。这样可以显著减轻预制构件的重力,并便于集中制造和运输吊装。

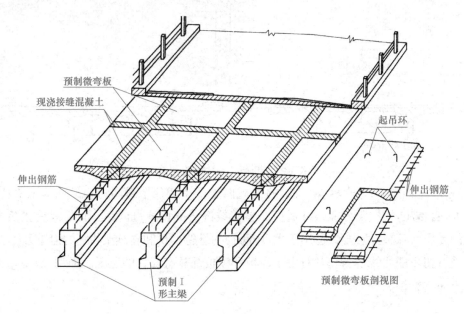

图 3-96　组合式梁桥示意

3.4.2　简支板桥识图与构造

1. 整体式简支板桥

整体式简支板桥的横截面一般都设计成等厚的矩形截面,有时为了减轻自重,也可以将受拉区稍加挖空,做成矮肋式板桥,如图 3-97 所示。

对于城市中的宽桥,为防止因温度变化和混凝土收缩而引起的纵向裂缝,以及由于活载在板的上缘产生过大的横向负弯矩,也可以使板沿桥中线断开,将一桥变为并列的二桥。

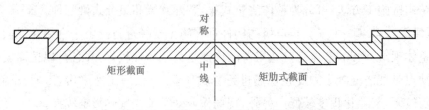

图 3-97　整体式简支板桥横断面示意

2. 装配式简支板桥

我国常用的装配式简支板桥,按其截面形状可分为实心矩形板桥和空心矩形板桥两种。

(1)实心矩形板桥。如图 3-98 所示,实心矩形板桥具有形状简单、施工方便、建筑高度小等优点,因而最易于推广普及。装配式实心矩形板桥通常仅用于跨径不超过 8 m 的桥梁,当跨径较大时,该板的自重过大且不经济。

视频:实心
矩形板桥

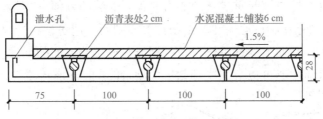

图 3-98　装配式实心矩形板桥

视频:空心
矩形板桥

(2)空心矩形板桥。空心矩形板桥是将实心矩形截面中部部分挖空,做成空心板,不仅能减轻自重,而且对材料的充分利用也是合理的。它与同跨径的实心矩形板相比,具有用料少、自重轻、运输安装方便等优点,且建筑高度又较同跨径的 T 形梁桥更小。因此,目前在桥梁建筑上已被广泛采用。

空心板梁的中空孔洞形式很多,其中比较常见的几种形式,如图 3-99 所示。图 3-99(a)型和图 3-99(b)型挖出一个较宽的孔洞,挖空率最大,自重最轻,但顶板需配置横向受力钢筋,以承载车轮荷载。图 3-99(a)型略呈微弯形,可节省钢筋用量,但模板较图 3-99(b)型复杂。图 3-99(c)型挖空成两个圆孔,施工时采用橡胶囊抽拔作为芯模比较方便,但其挖空率小,自重相对较大。图 3-99(d)型的芯模由两个半圆和两块侧模组成,当板的厚度改变时,只需更换两块侧模。

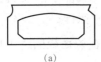 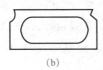 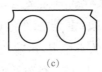 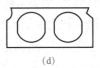

(a)　　　　　　(b)　　　　　　(c)　　　　　　(d)

图 3-99　空心板截面形式

装配式板桥的横向连接:为了使装配式板块组成整体,共同承受车辆荷载,在块件之间必须具有横向连接的构造。常用的连接方法是企口混凝土铰连接。

如图 3-100 所示,企口混凝土铰的形式有圆形、棱形和漏斗形三种,铰缝内采用细集料混凝土填实。这种铰能确保传递横向剪力使各块板共同受力。如果要使桥面铺装层也参与受力,也可以将预制板中的钢筋伸出,与相邻板的相同钢筋互相连接(绑扎或焊接)再浇筑在铺装层内,如图 3-100(d)所示。

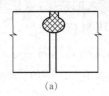 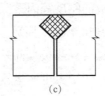

(a)　　　　　　(b)　　　　　　(c)　　　　　　(d)

图 3-100　企口式混凝土铰

3.4.3 装配式简支梁桥的识图与构造

简支梁桥受力明确,构造简单,施工方便,是中、小跨径桥梁中应用最为广泛的桥型。采用装配式的施工方法可以节约大量模板和支架等木材,降低劳动强度,缩短工期,显著加快建桥速度。因此,目前国内外对于中、小跨径的桥梁,绝大部分均采用装配式的钢筋混凝土简支梁桥或预应力混凝土简支梁桥。

装配式简支梁桥,考虑到起重设备的能力和预制安装的方便,一般采用多梁式结构,可视跨径大小、是否施加预应力、运输和施工条件等不同而采用各种构造类型,即装配式主梁的横截面形式、沿纵向截面上的横隔梁及块件划分与连接等方面的问题。从主梁的横截面形式来区分,装配式简支梁可以分为三种基本类型,即T形、I形和箱形,如图3-101所示。

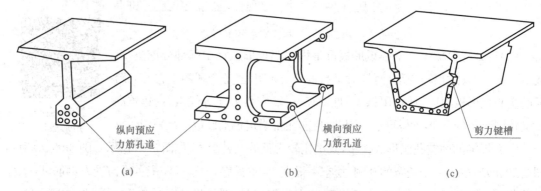

纵向预应力筋孔道　　　　横向预应力筋孔道　　　　剪力键槽

(a)　　　　　　　　　　(b)　　　　　　　　　　(c)

图 3-101　装配式简支梁桥横截面类型

(a)T形梁;(b)I形梁;(c)箱形梁

目前,我国采用较多的装配式简支梁是T形梁。装配式T形梁的优点是:制造简单,肋内配筋可做成刚性的钢筋骨架;主梁之间借助横隔梁(板)来连接,整体性较好,接头也较方便;其不足之处在于:截面形状不稳定,运输和安装较复杂;构件正好在桥面板的跨中接头,对板的受力不利。下面以T形梁为例,介绍其构造。

1. 主梁

T形梁的翼板构成桥梁的行车道板,又是主梁的受压翼缘,在预应力混凝土梁中,受拉翼缘部分做成加宽的马蹄形,以满足承受压应力和布置预应力筋的需要。

视频:T形梁

对于设计给定桥面宽度(包括车行道和人行道宽度),如何选定主梁的间距或根数是构造布局中首先要解决的问题。它不仅与钢筋和混凝土的材料用量及构件的吊装质量有关,而且涉及翼板的刚度等因素。一般来说,对于跨径较大的桥梁,如果建筑高度不受限制,则可适当加大主梁间距减少根数。这样,钢筋混凝土的用量相对较少,比较经济;但此时桥面板的跨径增大,悬臂翼缘板端部较大的挠度对引起桥面接缝处纵向裂缝的可能性也随之增大。同时,构件质量的增大也使运输和安装工作趋于复杂。我国采用五梁式主梁较多,如图3-102所示。

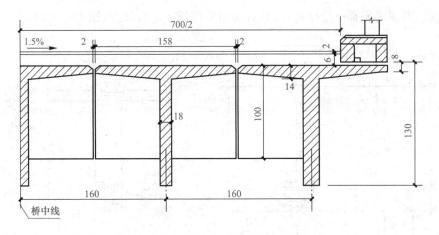

图 3-102　某装配式 T 形梁横截面构造图

2. 横隔梁(板)

装配式梁桥通常借助沿纵向布置的横隔梁的接头和桥面板的接缝连成整体,以使桥上车辆荷载能分配给各主梁共同负担。横隔梁的刚度越大,桥梁的整体性就越好,在荷载作用下各主梁能更好地共同工作。但是,横隔梁的存在使装配式主梁的制作增加了一定的困难,主梁模板工作相对复杂,而且横隔梁的焊接接头又往往要设于桥下专门的工作架上,施工相对麻烦。

当横隔梁高度较大时,为了减轻自重,可将其中部挖空,如图 3-103 所示。但沿挖空部分的边缘应做成钝角并配置钢筋,挖空也不宜过大,以免内角处裂缝过多削弱其刚度。

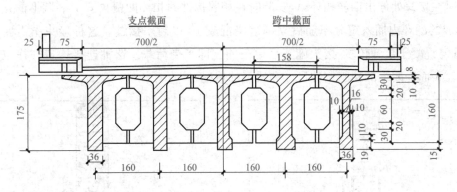

图 3-103　某预应力混凝土 T 形梁构造布置

3. 主梁连接

通常,在设有端横隔梁和中横隔梁的装配式 T 形梁中,均借助横隔梁的接头使所有主梁连成整体。接头须有足够的强度,以保证结构的整体性,并使其在使用过程中不致因荷载反复作用和冲击作用而发生松动。

(1)钢板焊接连接:在横隔梁靠近下部边缘的两侧和顶部的翼板内均埋设有焊接钢板,如图 3-104 所示。将焊接钢板预先与横隔梁的受力钢筋焊接在一起形成安装骨架。当 T 形梁安装就位后,即在横隔梁的预埋钢板上再加焊盖接钢板,使其连成整体。相邻横隔梁之间最好用水泥砂浆填满,所有外露钢板也应用水泥砂浆封盖。这种接头强度可靠,焊接后立即就能承受荷载，但现场要有焊接设备，而且有时需要在桥下进行仰焊，施工难度较大。

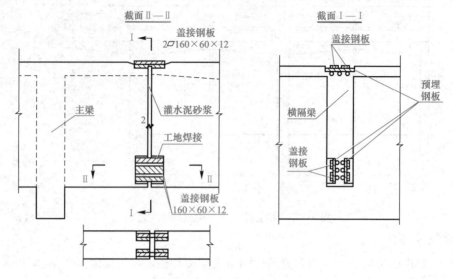

图 3-104　横隔梁的钢板焊接连接

（2）**螺栓连接**：为了简化接头的现场施工，也可采用螺栓连接，如图 3-105（a）所示。这种接头安装方法基本与焊接钢板相同，不同之处在于盖接钢板不采用电焊，而是采用螺栓与预埋钢板连接，因此，钢板上需要预留螺栓孔洞。这种接头由于不用特殊机具，故具有拼装迅速的优点；其缺点是在使用过程中螺栓容易松动。

（3）**扣环接头**：这是一种强度可靠且整体性较好的接头形式，如图 3-105（b）所示。横隔梁在预制时在接缝处伸出钢筋扣环 A，安装时在相邻构件的扣环两侧再安上椭圆形的接头扣环 B，在形成的圆环内插入短分布筋后立即现浇混凝土，以封闭接缝。这种接头不需要特殊机械，但现浇混凝土数量较多，接头施工后也不能立即承受荷载。这种连接构造往往也用于主梁间距较大而需要缩减预制构件尺寸和质量的情况。

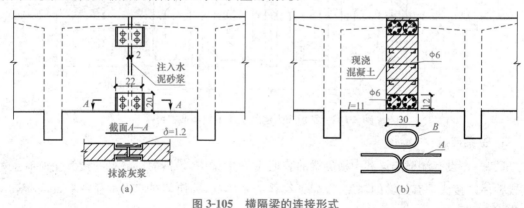

图 3-105　横隔梁的连接形式

（a）螺栓连接；（b）扣环连接

【例 3-5】　如图 3-3、图 3-9 和图 3-10 所示，了解某桥梁跨越结构（主梁）的构造情况。

【读图】　通过图 3-3 所示桥梁横断面图可知，该桥梁在桥墩桥台的盖

视频：【例 3-5】

梁上布置的主梁是预制 C50F300 预应力钢筋混凝土空心板。从横断面看,空心板一共有 14 根。其中,边板 2 根(设置在盖梁两端),中板 12 根(设置在除边梁外的中间位置)。

通过图 3-9 中板立面图及平面图可知,中板长度为 19 960 mm,两端处灌注 500 mm 长 C40 封端混凝土,从 350+950=1 300(mm)处开始,板两侧设置铰缝,两端对称。中板断面包括中截面($A-A$ 剖面)和端截面($B-B$ 剖面)。从 $B-B$ 剖面可知,中板截面尺寸为 1 240 mm×950 mm,内有尺寸为 600 mm×710 mm 空心孔洞。而 $A-A$ 剖面则为铰缝处的中板截面,内外部尺寸均有所变化,截面两侧凹进部分即为铰缝轮廓。

从的铰缝构造图可知,铰缝位于相邻两空心板之间,截面形状为漏斗形。缝内设置构造钢筋,灌注 C50 混凝土并与板顶 100 mm 厚 C50 混凝土现浇层连接在一起,缝底采用 M15 水泥砂浆填筑。

通过图 3-10 所示的边板立面图及平面图可知,边板长 19 960 mm,两端处灌注 500 mm 长 C40 封端混凝土,从 350+950=1 300(mm)处开始,板一侧(相邻中板的一侧)设置铰缝,两端对称。边板断面包括中截面($A-A$ 剖面)和端截面($B-B$ 剖面)。边板截面尺寸与中板的几乎一致,唯一的区别在于:边板外侧顶部设有截面为直角梯形的悬挑结构,其顶宽 120 mm,底宽 120+80=200(mm),高 255 mm,长度与板长相同。

3.5 桥面系统识图与构造

市政桥梁桥面系统直接与车辆、行人接触,对桥梁的承重结构起保护作用,关系到桥梁的使用、布局和美观。铁路桥面系统较为简单,其通常包括钢轨、轨枕、道砟、挡砟墙、泄水管和钢轨伸缩调节器等。公路桥面构造一般包括桥面铺装、排水防水系统、人行道和安全带、路缘石、栏杆、灯柱、安全护栏及伸缩装置等,如图 3-106、图 3-107 所示。

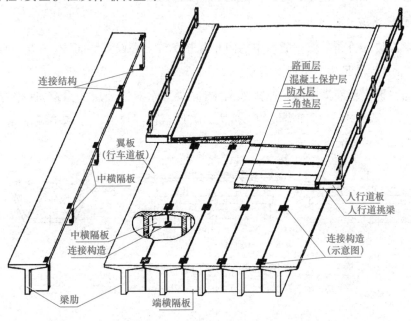

图 3-106 桥梁上部结构(主梁及桥面系统)构造示意

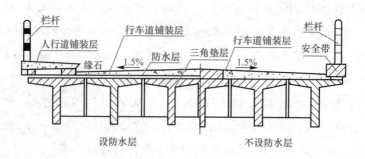

图 3-107 市政桥梁桥面系统构造示意

3.5.1 桥面铺装及桥面纵、横坡

1. 桥面铺装

公路桥面铺装可以防止车辆轮胎或履带直接磨耗属于承重结构的行车道板（主梁），保护主梁免受雨水侵蚀，同时扩散车辆轮重的集中荷载。水泥混凝土和沥青混凝土桥面铺装的使用较为广泛，如图 3-108 所示。

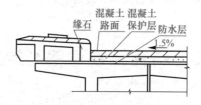

图 3-108 桥面铺装构造

钢筋混凝土、预应力混凝土梁桥普遍采用水泥混凝土或沥青混凝土铺装。水泥混凝土铺装造价低廉，耐磨性能好，适合重载交通，但养护期长，日后修补较麻烦。沥青混凝土铺装质量较轻，维修养护方便，通车速度快，但易老化和变形。

2. 桥面纵、横坡

（1）桥面纵坡。桥面纵坡一般采用双向布置并在桥中心设置竖曲线，一方面有利于排水；另一方面主要是为满足桥梁布置的需要。

（2）桥面横坡。桥面横坡可快速排除雨水，减少雨水对铺装层的渗透，保护行车道板，其坡度一般为 1.5%～3%。桥面横坡的形成方式有墩台顶部起拱、三角垫层起拱和主梁顶部起拱三种，如图 3-109 所示。

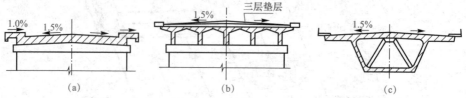

图 3-109 桥梁横坡布置示意

（a）墩台顶部起拱；（b）三角垫层起拱；（c）主梁顶部起拱

1)横坡直接设在墩台顶部：对于板桥或就地浇筑的肋板式梁桥，横坡直接设在墩台顶部，桥梁上部构造双向倾斜布置，铺装层等厚铺设。

2)设置三角垫层：对于装配式肋板式梁桥，其主梁构造简单，装配方便，横坡在行车道板上设置。先铺设混凝土三角形垫层，形成双向倾斜，再铺设等厚的混凝土铺装层。

3)横坡直接设在主梁顶上：在比较宽的城市桥梁中，用三角垫层设置横坡耗费建材，同时会增大恒载，因此，通常将主梁顶部的行车道板倾斜布置形成横坡，但是这样会使主梁构造变得复杂。

3.5.2　桥面排水防水系统

1. 防水层

如图 3-110 所示，桥面防水层设置在桥梁行车道板的顶面三角垫层之上，它将渗透过桥面铺装层或铁路道床的雨水汇集至泄水管排出。防水层在桥面伸缩缝处应连续铺设，不可切断；沿纵向应铺过桥台台背，沿横向应伸过缘石底面，从人行道与缘石砌缝里向上叠起。

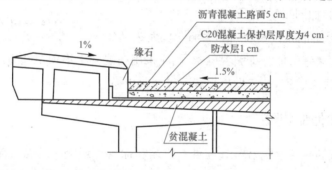

图 3-110　防水层设置示意

2. 桥面排水系统

为使桥上的雨水迅速引导排出桥外，桥梁应有一个完整的排水系统，由纵坡、横坡排水外配合一定数量的泄水管完成。泄水管布置在人行道下面，桥面水通过设置在缘石或人行道构件侧面的进水孔流向泄水孔，泄水孔周边设有聚水槽，起聚水、导流和拦截作用，进水入口处设置金属栅门，如图 3-111 所示。

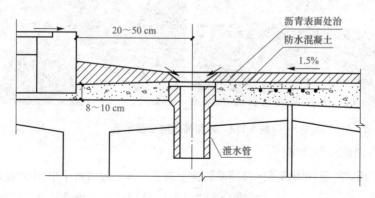

图 3-111　桥面排水管布置图

混凝土梁式桥采用的泄水管道通常有以下几种形式：

(1)**金属泄水管**。将金属泄水管与防水层边缘紧夹在管子顶缘与水漏斗之间，以便防水层渗水能通过漏斗过水孔流入管内。这种泄水管使用效果好，但结构较为复杂。

(2)**钢筋混凝土泄水管**。钢筋混凝土泄水管适用于不设防水层而采用防水混凝土铺装的桥梁构造。可将金属栅板直接作为钢筋混凝土管的端模板，并在栅板上焊上短钢筋锚固于混凝土中。这种预制泄水管构造简单，节省钢材。

(3)**铁管或竹管泄水管**。对于一些跨径不大、不设人行道的小桥，有时为了简化构造和节省材料，可以直接在行车道两侧的安全带或缘石上预留横向孔道，用铁管或竹管将水排出桥外。

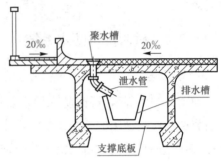

图 3-112　封闭式排水系统

(4)**封闭式排水系统**。对于城市桥梁、立交桥及高速公路桥梁，为避免泄水管挂在管下，影响桥的外观和公共卫生，多采用完整封闭的排水系统，将排水管道直接引向地面，如图 3-112 所示。

排水管道原则上不允许现浇在混凝土内，因为在冬天水管的冰冻堵塞可能会冻裂混凝土，而应采用在混凝土中预留孔道或埋入直径较大的套管，然后再设置排水管道，一旦发生损坏可以及时更换。

3.5.3　桥梁伸缩装置

桥梁结构在气温变化、活载作用、混凝土收缩和徐变等影响下将会发生伸缩变形。桥面两梁端之间或梁端与桥台之间及桥梁铰接位置需要预留伸缩缝，并在桥面设置伸缩装置，如图 3-113 所示。伸缩装置的构造在平行、垂直于桥梁轴线的两个方向均能自由伸缩，并应牢固可靠，在车辆驶过时平顺、无突跳与噪声；同时，还应能够防止雨水和垃圾渗入阻塞，易于清理检修。

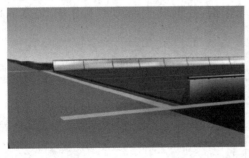

图 3-113　桥梁伸缩缝位置示意

1. U 形锌薄钢板式伸缩缝

U 形锌薄钢板式桥梁伸缩缝是一种简易的伸缩装置。其一般适用于中、小跨径的桥梁，所能适应的变形量为 20~40 mm。这种桥梁伸缩缝以 U 形锌薄钢板作为跨缝材料，锌薄钢板分上、下两层，上层的弯曲部分开凿梅花眼，其上设置石棉纤维垫绳，然后用沥青胶填塞，如图 3-114 所示。这样,当桥面伸缩时,锌薄钢板可随之变形,下层锌薄钢板可将渗下的雨水沿桥横向排出桥外。采用相应的措施,该种桥梁伸缩缝还可以很好地配合桥面连续。人行道部分的桥梁伸缩缝构造,通常用一层U形锌薄钢板跨搭,其上再填充沥青膏即可。

U形锌薄钢板式伸缩缝的优点是构造简单、施工方便、行车方便、价格较低;其缺点是耐久性差,且只能适应小伸缩量。

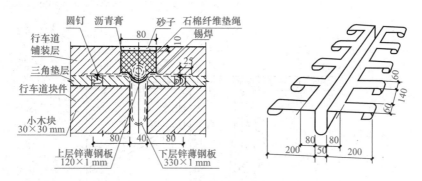

图 3-114　U形锌薄钢板式伸缩缝

2. TST 弹性体伸缩装置

TST 弹性体伸缩装置主要适用于小位移量(0～50 mm)的桥梁、路面等伸缩缝处。如图 3-115 所示,其填充物是由 TST 或和 502 弹塑体和碎石组成,由于 TST 和 502 弹塑体填充物既具有强度、塑性和很强的黏结能力,从而保证能够承受车轮的碾压和冲击力,又能够满足梁体本身热胀冷缩导致的位移需求,还能够保证填充物与桥面的严密黏结,从而满足了桥面的整体、连续性需求。

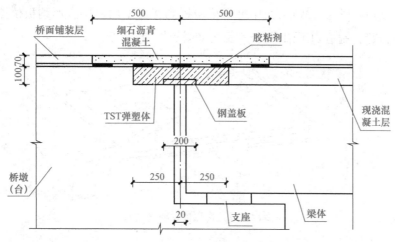

图 3-115　TST 弹性体伸缩装置

3. 跨度钢板式伸缩装置

钢制式伸缩装置是用钢材装配制成的,能直接承受车轮荷载的一种构造。钢制支承式伸缩装置常见的有钢板叠合式伸缩装置和钢梳形板伸缩装置。钢板式桥梁伸缩缝是用钢材作为跨缝材料,能直接承受车轮荷载的一种构造。钢板式桥梁伸缩缝的种类繁多,构造复杂,能够适用于较大范围的梁端变形。

(1)**钢板叠合式伸缩装置**：最简单的叠合式钢板桥梁伸缩缝，是用一块厚度约为 10 mm 的钢板搭在断缝上，钢板的一侧焊在锚固于铺装层混凝土内的角钢上，另一侧可沿着对面的角钢自由滑动，如图 3-116 所示。这种桥梁伸缩缝所能适应的变形量为 40～60 mm。但由于一侧固死，当车辆驶过时，往往由于拍击作用而使结构破坏，大大影响了桥梁伸缩缝的使用寿命。为此，可借助螺杆弹簧装置来固定滑动钢板，以消除不利的拍击作用，并减小车辆荷载的冲击影响。

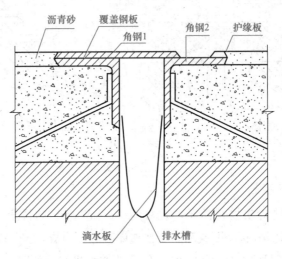

图 3-116　钢板叠合式伸缩装置

(2)**钢梳形板伸缩装置**：如图 3-117 所示，由于梳齿形钢板桥梁伸缩缝的行驶性好，伸缩量大(可达 400 mm 以上)，故在大、中型桥梁中得到普遍采用。梳齿形钢板桥梁伸缩缝的缺点在于其造价较高，制造加工困难，防水能力弱，清洁工作复杂。

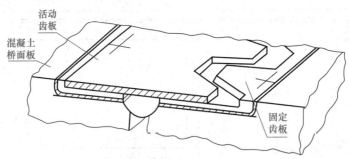

图 3-117　钢梳形板伸缩装置

4. 橡胶伸缩装置

如图 3-118 所示，用整块橡胶板嵌入伸缩缝中，橡胶板上设有上、下凹槽，依靠凹槽之间的橡胶体剪切变形来达到伸缩的目的，并在橡胶板内预埋钢板以提高橡胶的承载能力。由于橡胶条富有弹性，又易于胶贴，故以橡胶条作为跨缝材料能满足变形和防水的要求。伸缩缝的构造简单，使用方便。当伸缩量比较大时，可用 W 形的橡胶伸缩缝。其适用于伸缩量为 0～150 mm 的桥梁伸缩缝。

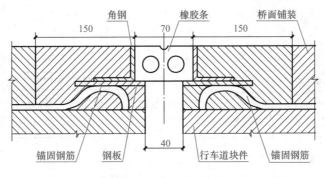

图 3-118 橡胶伸缩装置

3.5.4 桥面人行道、栏杆与立柱、隔声屏障

1. 人行道及安全带

桥梁上人行道是专供人们行走的部分桥面,它常用路缘石或护栏及其他类似设施加以分隔。人行道一般设置在行车道的两侧。若一座桥梁由两座独立桥并列构成,则可在每座独立桥的外侧布置人行道。

(1)按照人行道所处的空间位置,有以下几项:

1)单层桥面人行道。单层桥面人行道是最普遍的形式,它与行车道同处在同一层桥面上。普通的梁桥、拱桥、斜拉桥多为这种形式。

2)双层桥面人行道。双层桥面人行道即将车行道和人行道分别布置在上下两层桥面上,其最大优点是排除行人和非机动车的干扰,提高了桥梁的车辆通行能力。

(2)按照人行道的施工方法(图 3-119),有以下几项:

1)就地浇筑式人行道。就地浇筑式人行道仅适用于较小跨径桥梁,如图 3-119(a)所示。

2)预制人行道板块。预制人行道板块的下面可布设管线,安装快速,但管线检修麻烦,如图 3-119(b)所示。

3)预制拼装人行道构件。预制拼装人行道构件将人行道分解为人行道板、人行道梁、支撑梁及缘石等,每个部件的质量较轻,适合人工操作,且易于管道的检修,如图 3-119(c)所示。

对于不设人行道的桥梁,为了保证交通安全,在行车道边缘应设置高出行车道的带状构造物,即安全带。对于一般的公路桥梁,安全带的宽度不少于 0.25 m。桥梁安全带构造如图 3-120 所示。

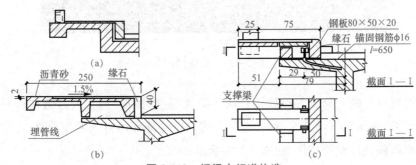

图 3-119 桥梁人行道构造

(a)就地浇筑式人行道;(b)预制人行道板块;(c)预制拼装人行道

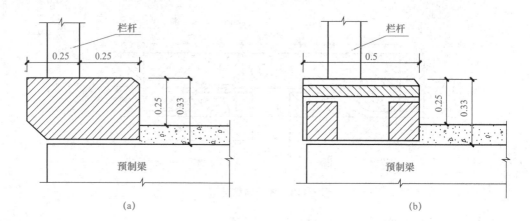

图 3-120　桥梁安全带构造

(a)实体式;(b)盖板式

2. 栏杆与灯柱

桥梁栏杆设置在人行道上,其功能主要在于防止人和非机动车辆掉落桥下。其设计应符合受力要求,并尽量美观。在靠近桥面伸缩缝处,所有栏杆均应断开,使扶手与柱之间能够自由变形。栏杆从形式上可分为节间式与连续式,如图 3-121 所示。

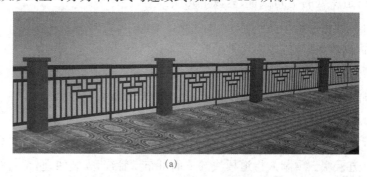

(a)

(b)

图 3-121　桥梁栏杆

(a)节间式;(b)连续式

按栏杆的使用目的可分为人行道栏杆和防撞栏杆(防撞护栏)。人行道栏杆只保障行人安全,不能抵挡意外情况下机动车辆的冲撞;防撞栏杆除能保障行人的安全外,还能起到封闭沿线两侧和吸收碰撞能量的作用,如图 3-122 所示。

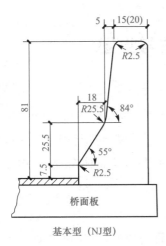

基本型（NJ型）

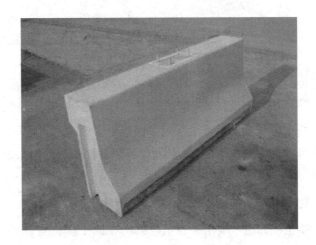

图 3-122　桥梁防撞护栏

3. 桥梁隔声屏障

城市高架桥往往靠近商业区、居民区，桥上车辆行驶的噪声对周边地区的人们工作、生活将造成一定的噪声影响。因此，采用隔声屏障将桥上的噪声隔离，使噪声的影响降到最小，如图 3-123 所示。

图 3-123　桥梁隔声屏障

【例 3-6】　如图 3-3 和图 3-11 所示，识读某桥梁桥面系统情况。

【读图】　通过图 3-3 所示桥梁横断面图可知，该桥梁桥面全宽 18 000 mm，由 3×3 500 mm 车行道、2×500 mm 预留带、2×1 000 mm 人行道和 2×500 mm 防撞栏组成。

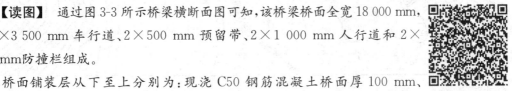

视频:【例 3-6】

桥面铺装层从下至上分别为：现浇 C50 钢筋混凝土桥面厚 100 mm、FYT-1 型防水剂、沥青混凝土桥面铺装厚 100～213 mm。采用顶层起拱方式，桥面横向拱坡为 1.5%，桥面中心线处的标高为 11.20 m。车行道两侧设置人行道，向桥梁中心线方向降坡，坡度为 1%。人行道外侧设置防撞栏。

通过图 3-11 所示防撞栏构造图可知，防撞栏采用强度等级为 C30 的混凝土，其截面类似于"L"形。底宽 500 mm，顶宽 200 mm，高 970 mm，其余尺寸详见 1-1 剖面图。

3.6 市政桥梁工程图组成与识图

3.6.1 桥梁工程图组成

桥梁工程图图示方法采用多面正投影原理和方法,并结合桥梁特点进行表达。完成一座桥梁的建造需要很多图样,一般有桥位平面图、桥位地质断面图、桥梁总体布置图、构件图等几种。

1. 桥位平面图

桥位平面图主要用来表明桥梁所在的平面位置,以及与路线的连接、与桥位处一定范围内的地形地物的相互关系等,以便作为设计桥梁、施工定位的依据。桥位平面图的方法是在桥位处上空一定范围内从上向下投影所得到的水平投影图,其一般是通过地形测量用标高投影法绘制出桥位处的道路、河流、水准点、钻孔及周围的地形和地物,如图 3-124 所示。

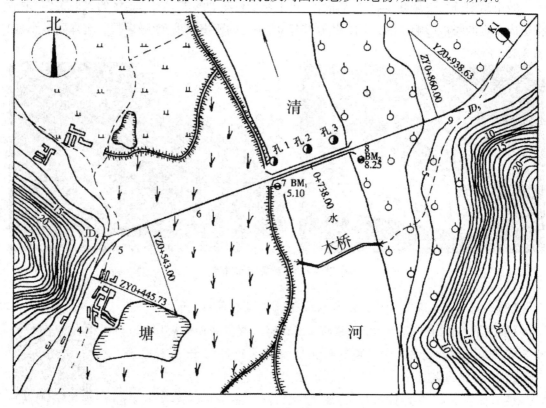

图 3-124 某桥桥位平面图

因桥位平面图表达的范围较大,故一般采用较小的比例。地物应用规定的简化图例表示,其中,水准点符号等图例的画法均应朝向正北方向,而图中文字方向则可按线路要求及总图标方向来确定。桥位平面图不仅表示了路线平面形状、地形和地物,还表明了钻孔、里程和水准点的位置。

138

2. 桥位地质断面图

如图 3-125 所示,桥位地质断面图是指根据水文调查和地质钻探所得到的地质水位资料,绘制出的桥位处河床地质断面图,表示桥梁所在位置的地质水文情况,包括河床断面线、最高水位线、常水位线和最低水位线,作为设计桥梁、桥台、桥墩和计算土石方工程数量的依据。小型桥梁可不绘制桥位地质断面图,但应用文字写出地质情况说明。

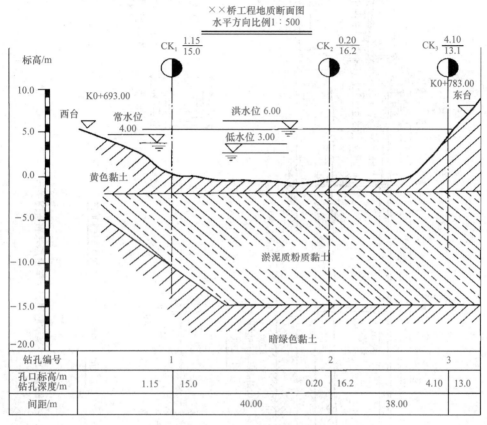

图 3-125　某桥桥位地质纵断面图

3. 桥梁总体布置图

桥梁总体布置图主要表明桥梁的形式、跨径、孔数、桥台和桥墩的形式、总体尺寸、各主要构件的相互位置关系、桥梁各部分的标高、材料以及技术说明等,作为施工时确定墩台位置、安装构件和控制标高的依据,如图 3-126 所示。

如图 3-126 所示为一座总长度为 90 m 的五孔梁式桥,它是由立面图、平面图和横剖面图来表示的,比例尺为 1∶200 或 1∶100。

(1)立面:桥梁一般是左右对称的,所以,立面图常采用半立面图和半纵剖面图组合而成,反映了桥梁的孔数、跨径和各部分的标高。从图中可以看出,该桥梁中间三孔跨径均为 20 m,两边孔跨径各为 10 m。在比例较小时,立面图的人行道和栏杆可不绘出。

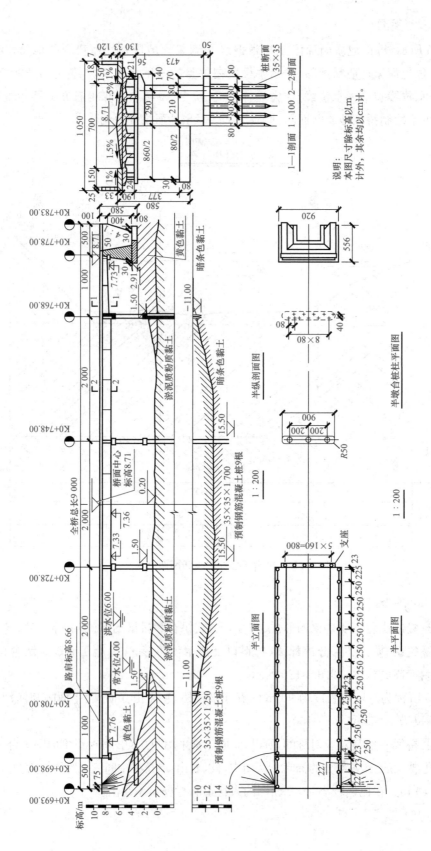

图 3-126　某钢筋混凝土梁桥总体布置图

从图 3-126 中可知,下部结构的两端为重力式 U 形桥台,中间为预制钢筋混凝土桩三柱式桥墩。上部结构为简支梁桥,中间三孔的主梁各有 3 片横隔板连接。立面图左半部分表达了左侧桥台、1 号和 2 号桥墩(自左向右分别为 1、2、3、4 号桥墩)、梁等主要构件的外形,梁底至桥面之间画了 3 条线,表示梁高和桥中心处的桥面厚度。右半部分为剖面图,剖切位置为沿桥梁中心线剖切,右侧桥台,3 号和 4 号桥墩、梁、桥面等均被剖切开来。因比例较小,故桥面厚度、T 形梁及横隔板的材料图例均涂黑处理。

总体布置图还反映了河床的形状及水文情况,根据标高尺寸可以知道预制钢筋混凝土桩的埋置深度及梁底的标高尺寸等。由于混凝土桩的埋置深度较大,故为了节省图幅,采用了折断画法。

(2)平面图:平面图采用半平面图和分层剖切的画法来表达。如图 3-126 所示,左边的平面图是从上向下投影得到的桥面水平投影图,显示出桥面和人行道的宽度,栏杆、立柱的布置尺寸,以及锥形护坡的形状。

在右边的剖面图上,桥墩处显示出 3 根立柱、桩承台的布置。最右端是 U 形桥台平面图,在画图时,通常把桥台背后的回填土掀去,两边的锥形护坡也省略不画,使得桥台平面图更为清晰。为了施工时挖基坑的需要,在平面图上一般只标注出桥台基础的平面尺寸。

(3)横剖面图:从图中可以看出,桥梁净宽为 7 m,人行道宽度为 1.5 m。在左半部 1—1 剖面图中 T 形的阴影部分是 3 片 T 形梁(全桥宽共 6 片),T 形梁支承在桥墩面上。在右半部 2—2 剖面图中,T 形的阴影部分也是 3 片 T 形梁(全桥宽共 6 片),T 形梁支承在 U 形桥台上。为了使剖面图更加清晰,每次剖切仅画出所需的内容,如在 1—1 剖面图中,后面的桥台部分也属可见,但由于不属于本剖面范围的内容,故习惯上不予画出。有时为了更清楚地表达剖面图,可采用比立面图和平面图更大的比例绘出。如图 3-126 所示,桥梁立面图和平面图的比例尺均为 1∶200,横剖面图的比例尺为 1∶100。

4. 构件图

在总体布置图中,由于采用的比例尺较小,桥梁的各种构件无法详细完整地表达出来,因此,单凭总体布置图是不能进行制作和施工的,为此还必须根据总体布置图采用较大的比例分别把各构件的形状、大小及其钢筋的布置完整地表达出来,才能作为施工依据,这种图称为构件结构图,简称构件图(详见本模块 3.2～3.5 节具体内容)。仅绘出构件形状,不表示出钢筋布置的图称为构件构造图。构件图的常用比例为 1∶10～1∶50。当构件的某一局部在构件图中不能清晰完整地表达时,则应采用更大的比例绘制出局部放大图。采用较大比例的构件图,也称为详图或大样图。其图示详尽清楚,尺寸标注齐全。

3.6.2 桥梁工程图识读

桥梁是很复杂的建筑物,它是由许多构件组成的。读图时,首先要用形体分析法将整个桥梁图由大化小,由繁化简。再运用投影规律,将各投影图互相对照联系起来看,先由整体到局部,再由局部到整体,直至读懂整个桥梁图。

读图可按下列步骤顺序进行:

(1)看总体图图样右下角的标题栏,了解桥梁名称、类型、结构、比例、尺寸单位、施工措施、承受荷载级别等。

(2)看总体图,弄清楚各视图之间的关系,如有剖面图、断面图,则需要找出剖切线的位置和观察方向。看图时,应先看立面图(包括纵剖面图),了解桥型、孔数、跨径大小、墩台数目、总长、总高,了解河床断面及其地质情况,再对照平面图、侧面图和横剖面图等了解桥的宽度、人行道的尺寸和主梁的断面形式等,同时要阅读图样中的技术说明。这样,对桥梁的全貌便有了一个初步的了解。

(3)分别阅读构件图和大样图,搞清楚构件的构造及钢筋的布置情况。

(4)了解桥梁各部分所使用的建筑材料,并阅读工程数量表、钢筋明细表及说明等内容。

(5)看懂桥梁图后,再详细看尺寸进行复核,检查读图中有无错误或遗漏。

【例 3-7】 如图 3-1 所示,试识读某钢筋混凝土梁桥总体布置图。

【读图】 通过图 3-1 中说明第 5 条可知,该桥梁上部结构为预应力钢筋混凝土空心板简支结构,下部结构采用多柱墩,钻孔灌注桩基础。

视频:【例 3-7】

通过立面图可知,桥梁起点桩号为 K0＋216.68,终点桩号为 K0＋343.32,该桥梁全长 126 040 mm(以两端桥台耳墙结构外缘为起止点)。该桥梁为 6 孔桥,靠近桥台的两个端孔跨径为 19 700 mm,中间 4 个中孔跨径为 20 000 mm,且第 3 孔和第 4 孔为通航孔洞。两端桥台的柱身处均设有坡度为 1：1.5 的锥坡。

从立面图桥台附近的地质示意图可知,0 号桥台处的地层情况从上至下分别为:－0.95～－2.65 m 为粉砂层,－2.65～－5.35 m 为淤泥质粉质黏土夹粉砂层,－5.35～－8.25 m 为全风化砂岩层,－8.25～－12.15 m 为强风化砂岩层,－12.15～－13.28 m 为中风化砂岩层。6 号桥台处的地层情况从上至下分别为:－5.70～－6.90 m 为粉砂层,－6.90～－7.30 m 为淤泥质粉质黏土夹粉砂层,－7.30～－8.20 m 为粉质黏土层,－8.20～－9.20 m 为全风化砂岩层,－9.20～－15.00 m 为强风化砂岩层,－15.00～－16.50 m 为中风化砂岩层。

结合平面图与立面图可知,该桥梁全宽 18 040 mm,每个桥台和桥墩均设置 4 条柱身,每条柱身下为一条桩基础,且桩心对准柱中心。

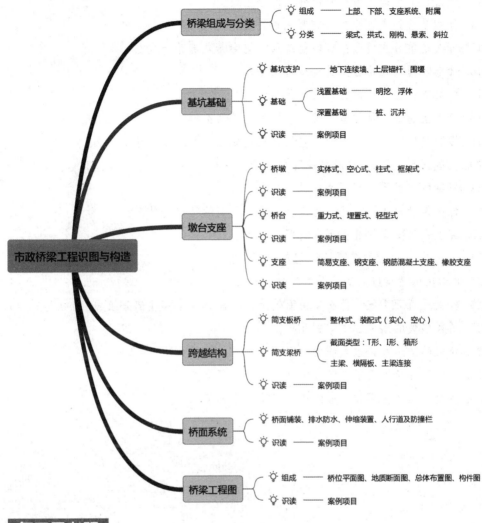

市政桥梁工程识图与构造

- 桥梁组成与分类
  - 组成 —— 上部、下部、支座系统、附属
  - 分类 —— 梁式、拱式、刚构、悬索、斜拉

- 基坑基础
  - 基坑支护 —— 地下连续墙、土层锚杆、围堰
  - 基础
    - 浅置基础 —— 明挖、浮体
    - 深置基础 —— 桩、沉井
  - 识读 —— 案例项目

- 墩台支座
  - 桥墩 —— 实体式、空心式、柱式、框架式
  - 识读 —— 案例项目
  - 桥台 —— 重力式、埋置式、轻型式
  - 识读 —— 案例项目
  - 支座 —— 简易支座、钢支座、钢筋混凝土支座、橡胶支座
  - 识读 —— 案例项目

- 跨越结构
  - 简支板桥 —— 整体式、装配式（实心、空心）
  - 简支梁桥 —— 截面类型：T形、I形、箱形；主梁、横隔板、主梁连接
  - 识读 —— 案例项目

- 桥面系统
  - 桥面铺装、排水防水、伸缩装置、人行道及防撞栏
  - 识读 —— 案例项目

- 桥梁工程图
  - 组成 —— 桥位平面图、地质断面图、总体布置图、构件图
  - 识读 —— 案例项目

复习思考题

1. 一座完整的桥梁由哪几部分组成？其中上部结构、下部结构分别包括什么？

2. 按结构受力体系，桥梁分为哪几种类型？各有什么特点？

3. 拱桥、吊桥的主要承重构件是什么？

4. 什么是桥梁的净跨径？什么是桥梁的建筑高度、桥下净空高度？

5. 涵洞与桥梁有什么区别？

6. 什么是围堰？它有什么作用？围堰有哪些种类？

7. 按照基础的受力原理划分，桥梁桩基础分为哪几种类型？

8. 沉井基础的施工原理是怎样的？其一般有什么断面形式？

9. 沉井的刃脚有什么作用？

10. 桥墩按构造可分为哪几种类型？

11. 实体重力式桥墩有何优缺点？它由哪几部分组成？

12. 什么是空心桥墩？有何优缺点？

13. 什么是桩柱式桥墩？它由哪几部分组成？

14. 什么是框架式桥墩？它有哪几种类型？

15. 什么是重力式桥台？有何优缺点？它由哪几部分组成？

16. 什么是埋置式桥台？其构造特点是什么？

17. 桥梁支座在什么位置？其有什么作用？

18. 钢支座有哪几种类型？其工作原理是什么？

19. 橡胶支座有哪几种类型？它们的构造如何？其工作原理是什么？

20. 按截面形式划分，跨越结构可分为哪几种？

21. 板梁的截面形式包括哪几种？

22. 什么是肋板式梁？什么是组合式梁？它们的特点是什么？

23. 装配式简支梁的截面形式有哪几种类型？

24. 什么是 T 形梁的横隔板？它有什么作用？

25. T 形梁的主梁采用哪几种方法进行连接？

26. 什么是桥面系统？什么是桥面铺装？桥面系统由哪些部分组成？

27. 桥梁横坡的形成方式有哪几种？

28. 桥梁的防水和排水系统由什么构成？

29. 桥梁伸缩装置设置在什么位置？有哪几种类型？

30. 桥梁工程图由哪些内容组成？识读顺序如何？

模块 4

市政管网工程识图与构造

某城市排水管网施工图

图纸：如图 4-1～图 4-5 所示，为某城市排水管网施工图，包括平面图、雨水排水纵断面图、污水排水纵断面图、管道结构图、雨水检查井结构图（部分桩号）。

要求：通过本模块学习，识读该城市排水管网施工图。

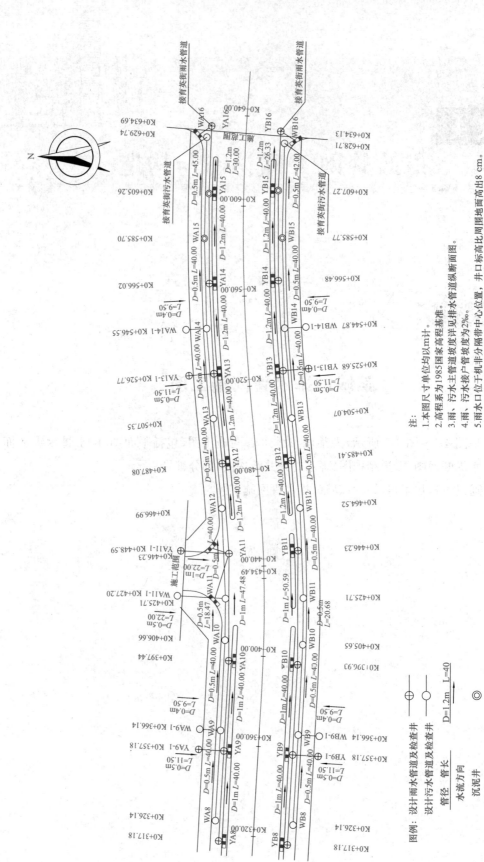

图 4-1　排水平面图

注：
1. 本图尺寸单位均以m计。
2. 高程系为1985国家高程基准。
3. 雨、污水主管道坡度详见排水管道纵断面图。
4. 雨、污水接户管坡度为2‰。
5. 雨水口位于机非分隔带中心位置，井口标高比周围地面高出8cm。
6. 雨、污水接户井及雨水口实际位置可根据现场情况适当调整。

图例：　设计雨水管道及检查井
　　　　设计污水管道及检查井

　　　　管径　管长　D=1.2m　L=40

　　　　水流方向

　　　　沉泥井

　　　　单平箅雨水口

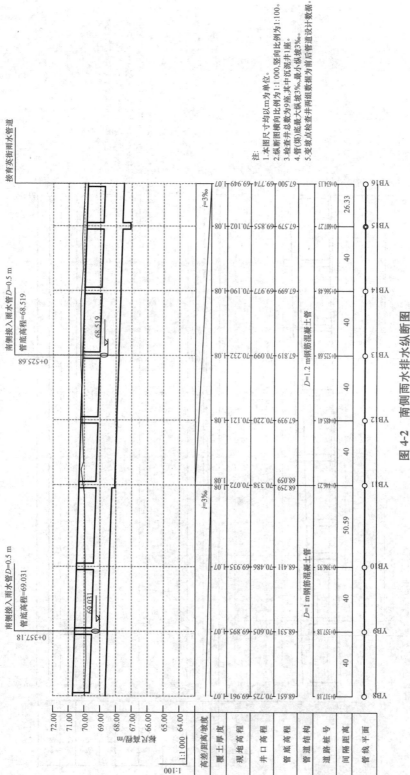

图 4-2 南侧雨水排水纵断图

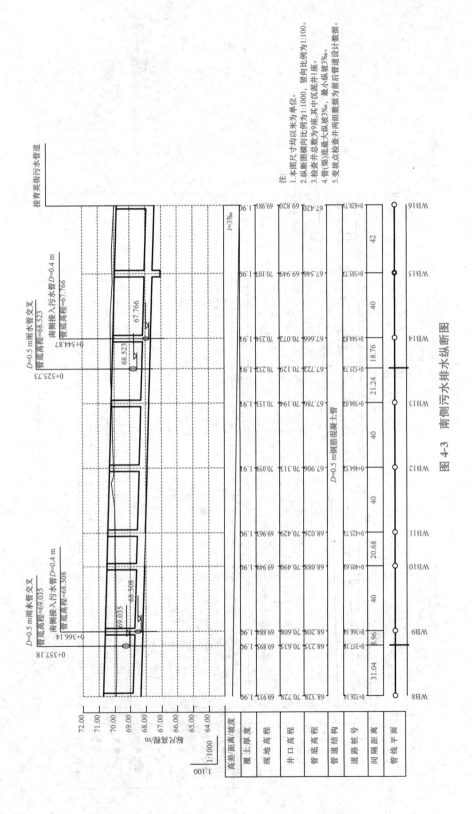

图 4-3 南侧污水排水纵断面图

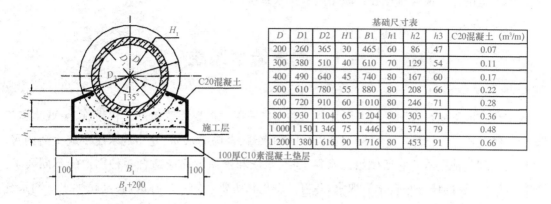

基础尺寸表								
D	D1	D2	H1	B1	h1	h2	h3	C20混凝土（m³/m）
200	260	365	30	465	60	86	47	0.07
300	380	510	40	610	70	129	54	0.11
400	490	640	45	740	80	167	60	0.17
500	610	780	55	880	80	208	66	0.22
600	720	910	60	1 010	80	246	71	0.28
800	930	1 104	65	1 204	80	303	71	0.36
1 000	1 150	1 346	75	1 446	80	374	79	0.48
1 200	1 380	1 616	90	1 716	80	453	91	0.66

图 4-4　管道结构图

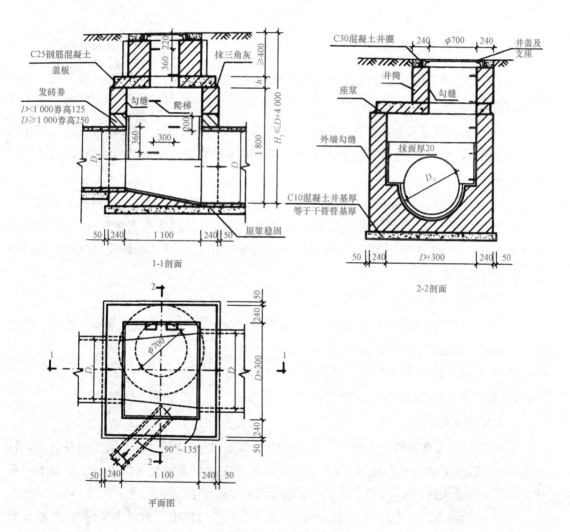

图 4-5　雨水检查井结构图

　　市政管网工程是指属于城镇的给水管道、排水管道（渠）、燃气管道及热力管道与其附属构筑物和设备的安装工程。城镇自来水厂的各种处理构筑物和专业设备的安装也属于

149

本工程的范围。本模块重点介绍城市给水排水系统。

4.1 城市给水系统

城市给水工程是为满足城乡居民及工业生产等用水需要而建造的工程设施,是城镇和工矿企业的重要基础设施。它必须保证以足够的水量、合格的水质、充裕的水压供应生活用水、生产用水和其他用水。它所供给的水在水量、水压和水质方面应适合各种用户的不同要求。因此,给水工程的任务是自水源取水,并将其净化到所要求的水质标准后,经输配水管网系统送往用户。给水系统是指保证城镇、工矿企业等用水的各种构筑物和输配水管网组成的系统。

4.1.1 给水系统种类

给水系统按照不同的划分方式,可分为多种不同类型。

1. 按水源划分

(1)地表水。地表水是指存在于地壳表面,暴露于大气的水,是河流、冰川、湖泊、沼泽四种水体的总称,也称为陆地水。其是人类生活用水的重要来源之一,也是各国水资源的主要组成部分。

(2)地下水。地下水是指贮存于包气带以下地层空隙,包括岩石孔隙、裂隙和溶洞之中的水。地下水是水资源的重要组成部分,由于水量稳定,水质好,因此是农业灌溉、工矿和城市的重要水源之一。但在一定条件下,地下水的变化也会引起沼泽化、盐渍化、滑坡、地面沉降等不利的自然现象。

2. 按供水方式划分

(1)自流供水系统(重力供水):当水源处地势较高时,清水池中的水依靠重力进入管网系统。自流供水系统无动力消耗,较经济。

(2)水泵供水系统(压力供水):依靠泵站加压输水。

(3)混合供水系统:是指以上两种方式结合采用。

3. 按使用目的划分

(1)生活饮用给水系统。生活饮用给水系统一般是指卫生间盥洗,冲洗卫生器具,沐浴,洗衣,厨房洗涤,烹调用水和浇洒道路、广场,清扫,冲洗汽车及绿化等供人们生活用水的系统。生活饮用给水的水质,应符合国家规定的饮用水水质标准。

(2)生产给水系统。生产给水系统供给各类产品制造过程中所需用水及冷却、产品和原料洗涤等用水,其水质、水压、水量因产品种类、生产工艺不同而不同。

(3)消防给水系统。消防给水系统一般是专用的给水系统,其对水质要求不高,但必须满足《建筑设计防火规范》(GB 50016—2014)对水量和水压的要求。

4. 按服务对象划分

(1)城镇给水系统。城镇给水系统是指供给城市、城镇居民用水的给水系统。

(2)工业给水系统。工业给水系统是指供给工业生产用水的给水系统。工业给水系统又可以分为以下三种方式。

1)直流给水系统。直流给水系统是指将符合水质标准的水流通过进水口排入,经过使用后,直接从排水口排出。

2)循环给水系统。循环给水系统是指使用过的水经过适当处理后再行回用。

3)复用给水系统。复用给水系统按照各车间对水质的要求,将水顺序重复利用。

5. 按系统构成方式划分

(1)统一给水管网系统。统一给水管网系统按相同的压力供应生活、生产、消防各类用水,如图 4-6(a)所示。该系统简单,投资较少,管理方便。其适用于工业用水量占总水量比例小、地形平坦的地区。

(2)分质给水系统。分质给水系统是指因用户对水质的要求不同而分成两个或两个以上系统,分别供给各类用户的系统。其可分为生活给水管网和生产给水管网,可以从同一水源取水,在同一水厂中经过不同的工艺和流程处理后,由彼此独立的水泵、输水管和管网,将不同水质的水供给各类用户。

采用此种系统可使城市水厂规模缩小,特别是可以节约大量药剂费用和动力费用,但因其管道和设备增多,管理较复杂,故适用于工业用水量占总水量比例大、水质要求不高的地区。

(3)分区给水系统。将给水管网系统划分为多个区域,各区域管网具有独立的供水泵站,供水具有不同的水压,如图 4-6(b)所示。分区给水管网系统可以降低平均供水压力,避免局部水压过高的现象,减少爆管的概率和泵站能量的浪费。

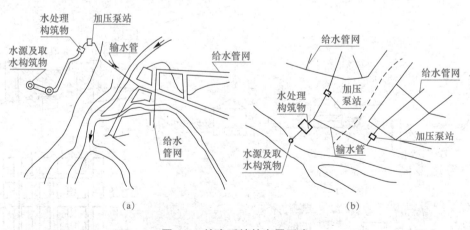

图 4-6 给水系统的布置形式

(a)统一给水系统;(b)分区给水系统

管网分区的形式有以下两种:

1）城市或城镇地形较平坦,因生活、生产、商业等功能分区比较明显或自然分隔而分区;

2）因城市或城镇地形高差较大或输水距离较长而分区,又有串联分区和并联分区两类,如图4-7所示。

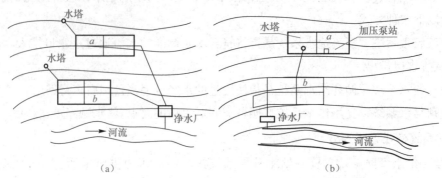

（a）   （b）

图4-7　管网分区的形式

（a）并联分区给水管网系统;

（b）串联分区给水管网系统

a—高区;*b*—低渠;

a—高区;*b*—低区

4.1.2　给水系统组成

给水系统是由相互联系的一系列构筑物和输配水管网组成的。其任务是从水源取水,按照用户对水质的要求进行处理,然后将水输送到给水区,并向用户配水。

给水系统常由下列工程设施组成,如图4-8所示。

视频:给水
系统的组成

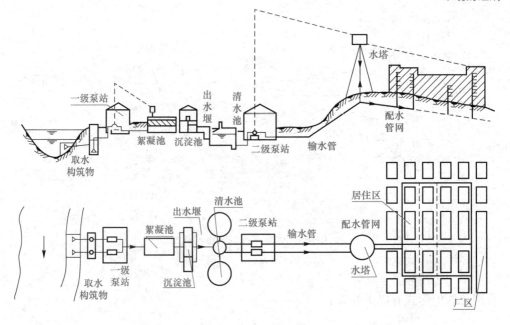

图4-8　给水系统示意

1. 取水构筑物

取水构筑物用以从选定的水源(包括地表水和地下水)取水,并输送到水厂进行净化处理。根据其所处位置不同,取水构筑物可分为地下和地表两种。

(1)地下取水构筑物:由于地下水类型、埋藏深度、含水层性质各异,开采和取集地下水的方法和取水构筑物形式也各不相同。地下水取水构筑物有管井、大口井、辐射井、复合井及渗渠等,其中以管井和大口井最为常见。

1)管井:因其井壁和含水层中的进水部分均为管状而得名。管井具有施工方便、适应性强的特点,能用于各种岩性、埋深、含水层厚度和多层次含水层的取水工程。常见的管井构造由井室、井壁管、过滤器及沉淀管组成,如图 4-9 所示。管井适用于开采深层地下水,其埋深为 200~1 000 m 不等。

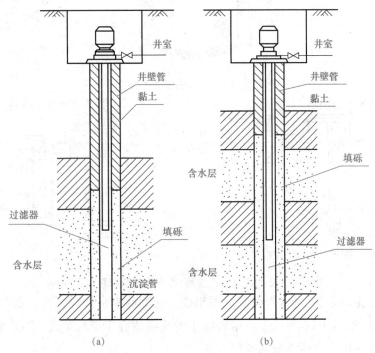

图 4-9 管井一般构造示意

(a)单过滤器管井;(b)多过滤器管井

2)大口井:大口井广泛应用于开采浅层地下水。其直径一般为 5~8 m,井深一般在 15 m 以内,其构造如图 4-10 所示。大口井有完整式和非完整式。完整式大口井贯穿整个含水层,仅以井壁进水;非完整式大口井未贯穿整个含水层,井壁、井底均可进水,进水范围大,集水效果好。因大口井构造简单、取材容易、适用年限长、容积大,能兼起调节水量等作用,故在中小城镇、铁路、农村供水采用较多。大口井广泛应用于取集浅层地下水。

(2)地表取水构筑物:地表水取水构筑物的类型很多,按构造形式一般可分为固定式取水构筑物、移动式取水构筑物、山区浅水河流取水构筑物三类。

1)固定式取水构筑物可分为岸边式、河床式和斗槽式三种。

①岸边式。直接从岸边进水。当河岸较陡、岸边有一定的取水深度、水位变化幅度不大、

153

水质及地质条件较好时，一般采用岸边式取水构筑物。岸边式取水构筑物通常由进水闸和取水泵站两部分组成，如图4-11所示。它们可以合建，也可以分建。

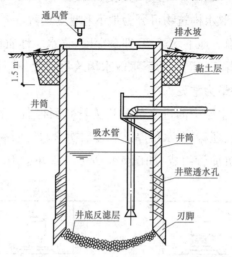

图 4-10 大口井构造示意

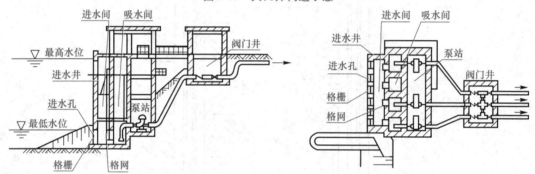

图 4-11 岸边式取水构筑物（进水闸与取水泵站合建）

②河床式。由取水头、进水管渠及泵站组成。它的取水头设在河心，通过进水管与建在河岸的泵站相连，如图4-12所示。河床式取水构筑物适合于岸坡平缓、主流离岸较远、岸边缺乏必要的取水深度或水质不好的情况。

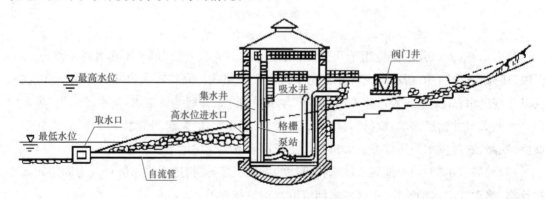

图 4-12 河床式取水构筑物

③斗槽式。在取水口附近修建堤坝,形成斗槽,以加深取水深度,也可以起到预沉淀的作用,如图4-13所示。斗槽式取水构筑物一般由岸边式取水构筑物和斗槽组成,其适用于河流缺水量大或泥砂量大、冰凌严重的情况。

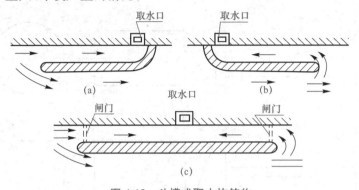

图4-13 斗槽式取水构筑物

(a)顺流式斗槽;(b)逆流式斗槽;(c)双流式斗槽

2)移动式取水构筑物可分为浮船式和缆车式两种。

①浮船式。浮船式取水构筑物主要由船体、水泵机组及压水管与岸上输水管之间的连接管组成,如图4-14所示。它没有大量的水下工程,船体可由造船厂制造,施工简单。

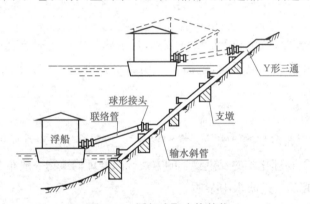

图4-14 浮船式取水构筑物

②缆车式。缆车式取水构筑物是建造于岸坡上吸取江河水或水库表层水的取水构筑物。其主要由泵车、坡道、输水管及牵引设备组成,其中,泵车可以通过牵引设备随水位涨落沿坡道上、下移动,如图4-15所示。

图4-15 缆车式取水构筑物

3）山区浅水河流取水构筑物。山区浅水河流取水构筑物一般采用低坝式、底栏栅式，主要是为了抬升水位，便于取水，如图4-16所示。

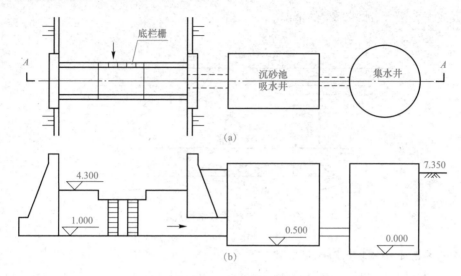

图 4-16　山区浅水河流取水构筑物
(a)平面示意图；(b)A—A 剖面图

2. 水泵站

因一般水源地势较低，城市和工厂地势较高，且水源和用户之间还有一段距离，故要将水由低处输送到高处，并输送一段距离，就需要专用的水力机械——水泵对水加压。设置水泵的建筑物，称为水泵站。

3. 水处理构筑物

水处理构筑物用以将取水构筑物的来水加以处理，以符合用户对水质的要求。常用的处理方法有物理的、化学的、物理化学的及生物学的方法。水处理构筑物一般布置在水厂范围内。

(1)物理方法：如沉淀、过滤水中杂质。

(2)化学方法：如加入一定量的化学药剂，通过与水中物质发生化学分解、溶解、中和水中杂质。

(3)生物方法：利用微生物的分解降解作用，将微生物加入水中，使其分解水中污泥颗粒。

4. 调节构筑物

调节构筑物包括各种类型的贮水构筑物，如高地水池、水塔、清水池等，用以贮存和调节不均匀的用水量。高、低水池和水塔兼有保证水压的作用。

5. 输水管道和配水管网

输水管道是将源水送到水厂或将在水厂净化后的水送到管网或城市的管道系统，其主要特点是沿线无流量分出；在水送到城市后，再由街道敷设的管道将水分配到千家万户及工厂等用水单位。城市街道纵、横交错，配水管道实际上形成一个网络，即管网。因城市具体情况、地形高差等不同，城市管网可以是单一的，也可以是分区的。为调节控制、维护管理的需要，在输水管路和管网上还装设闸阀、消火栓等附属设施，从而形成一个复杂的输水、配水系统。

4.2 城市排水系统

城市排水系统是处理和排除城市污水和雨水的工程设施系统,是由城市收集、输送、处理和排放城市污水和雨水的排水方式,是城市公用设施的组成部分。城市排水系统规划是城市总体规划的组成部分。城市排水系统通常由排水管道和污水处理厂组成。城市排水系统的任务是使整个城市的污水和雨水通畅地排泄出去,处理好污水,达到环境保护的要求。

4.2.1 城市排水分类及排水要求

1. 城市排水的分类

城市排水可以分为生活污水、工业废水和降水三类。人们在生活和生产活动中产生大量污水,其中含有很多有害物质,极易腐化发臭,污染环境,危害人们的生活和生产。天然降水在降落及流行过程中也受到一定的污染,如不及时排泄,也会危害人们的生活和生产。因此,对污水、雨水必须进行有系统地收集、排除并做适当的处理和利用。

2. 不同种类排水要求

(1)生活污水——收集、处理、排除。

(2)工业废水——处理、收集、再处理、排除或直接排除。

(3)降水——收集、排除或收集、部分处理、排除。

4.2.2 排水管道系统组成

将城市污水、降水有组织地进行收集、处理和排放的工程设施称为排水系统,如图 4-17 所示。在排水系统中,除污水处理厂外,其余均属排水管道系统,它是由一系列管道和附属构筑物组成。

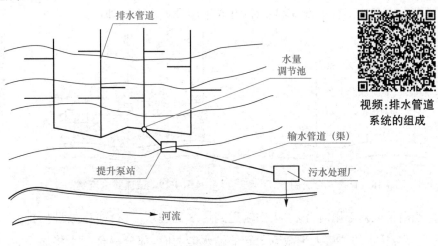

图 4-17 排水管道系统示意

(1)**污水支管**。污水支管承受来自庭院污水管道系统的污水或工厂企业集中排除的污水。其流程为：建筑物内污水→出户管→庭院支管→庭院干管→城市污水支管。

(2)**干管**。干管汇集污水支管流来的污水。

(3)**污水处理厂**。污水处理厂对污水干管汇集输送来的污水进行进化处理后，就近排入水体。

(4)**雨水支管**。雨水支管汇集来自雨水口的雨水，送至雨水干管。

(5)**雨水干管**。雨水干管汇集来自雨支管的雨水，就近排入水体。

(6)**管道附属构筑物**。管道附属构筑物包括各种检查井、排污出水口、溢流井、跌水井等。

排水管道通常采用重力流输水，管道需要有一定坡度，因此，常造成管道的埋深逐渐加大。当管道埋深过大时将导致管道工程费用大幅增加。为避免这种情况，在排水管道系统中，往往需要把低处的污水向上提升，这就需要设置泵站。排水管道系统中的泵站有中途泵站和终点泵站两类，泵站后的污水如需要压力输水时，则设置压力管道。

4.2.3 城市排水体制

城市污水和降水的汇集排除方式，称为排水体制。其按汇集方式可分为合流制和分流制两种基本方式。

1. 合流制

合流制是指用同一种管渠收集和输送生活污水、工业废水和雨水的排水方式。根据污水汇集后的处置方式不同，又可将合流制分为下列三种情况：

(1)**直排式合流制**。如图 4-18 所示，直排式合流制管道系统的布置就近坡向水体，分若干排出口，使混合的污水未经处理直接排入水体，我国许多城市的旧城区大多采用的是这种排水体制。其特点是系统简单，对水体污染严重。这种直排式合流制系统目前在城市中不宜采用。

(2)**截流式合流制**。如图 4-19 所示，截流式合流制系统是在沿河的岸边铺设一条截流干管；同时，在截流干管上设置溢流井，并在下游设置污水处理厂。

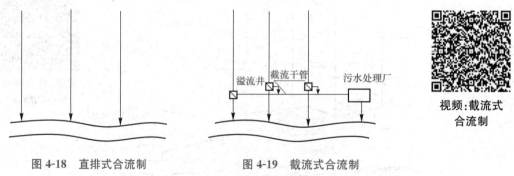

视频：截流式
合流制

图 4-18　直排式合流制　　　图 4-19　截流式合流制

当晴天或初降雨时，污水集中输送到污水处理厂，进行净化处理后排入就近水体或再利用；当混合污水的流量大于截流干管的输水能力时，部分混合污水将通过溢流井直接排放进入水体中。溢流井如图 4-20 所示，其构造详见本模块 4.4.2 节内容。

截流式合流制虽然与直排式相比有了较大的改进,但在雨天时,仍有部分混合污水未经处理而直接排放,成为水体的污染源而使水体遭受污染。截流式合流制适用于对城市的旧合流制的改造。

(3)**完全合流制**。完全合流制是将污水和雨水合流于一条管渠,全部送往污水处理厂进行处理,如图 4-21 所示。这种形式卫生条件较好,在街道下,管道综合也比较方便,但工程量较大,初期投资大,污水处理厂的运行管理不便,因此,采用者不多。

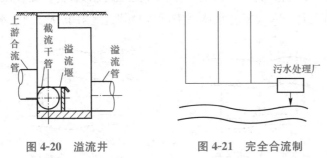

图 4-20　溢流井　　　　　　　　图 4-21　完全合流制

2. 分流制

分流制是指用不同管渠分别收集和输送生活污水、工业废水和雨水的排水方式。其中,排除生活污水、工业废水的系统称为污水排水系统,排除雨水的系统称为雨水排水系统。

根据雨水的排除方式不同,分流制又可分为下列两种情况:

(1)**完全分流制**。如图 4-22 所示,完全分流制既有污水管道系统,又有雨水管渠系统。其比较符合环境保护的要求,但对城市管渠的一次性投资较大,一般适用于新建城市。

1)生活污水、工业废水→污水排水系统→污水处理厂→排入水体或再利用。

2)雨水降水→雨水排水系统→排入水体。

(2)**不完全分流制**。如图 4-23 所示,不完全分流制体制只有污水排水系统,没有完整的雨水排水系统。各种污水通过污水排水系统送至污水处理厂,经过处理后排入水体;雨水沿道路边沟,地面明渠和小河,然后进入较大的水体。如城镇的地势适宜,不易积水时,或初建城镇和小区可采用不完全分流制,先解决污水的排放问题,待城镇进一步发展后,再建雨水排水系统,完成完全分流制的排水系统。这样可以节省初期投资,有利于城镇的逐步发展。

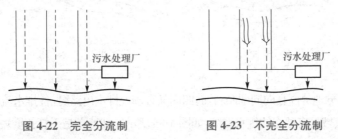

图 4-22　完全分流制　　　　　　　图 4-23　不完全分流制

4.2.4　排水管网布置形式

排水管网一般布置成树状网,根据地形、竖向规划、污水处理厂的位置、土壤条件、河流情况及污水种类和污染程度等分为多种形式,以地形为主要考虑因素的布置形式有以下几种。

1. 正交式

在地势向水体适当倾斜的地区,各排水流域的干管可以最短距离沿与水体垂直相交的方向布置,如图 4-24 所示。其特点是干管长度短,管径小,较经济,污水排出也迅速。由于污水未经处理就直接排放,会使水体遭受严重污染,影响环境,因此,其适用于雨水排水系统。

2. 截流式

沿河岸再敷设主干管,并将各干管的污水截流送至污水处理厂,是正交式发展的结果,如图 4-25 所示。其特点是能有效减轻水体污染,保护环境,适用于分流制污水排水系统。

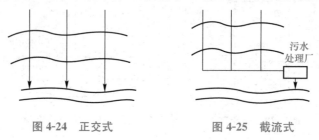

图 4-24　正交式　　　　　　　　图 4-25　截流式

3. 平行式

在地势向河流方向有较大倾斜的地区,可使干管与等高线及河道基本上平行,主干管与等高线及河道呈一倾斜角敷设,如图 4-26 所示。其特点是保证干管较好的水力条件,避免因干管坡度过大以至于管内流速过大,使管道受到严重冲刷或跌水井过多,适用于地形坡度大的地区。

4. 分区式

在地势高低相差很大的地区,当污水不能依靠重力流至污水处理厂时应采用分区式管网布置,即分别在高地区和低地区敷设独立的管道系统。高地区的污水靠重力流直接流入污水处理厂,而低地区的污水用水泵抽送至高地区干管或污水处理厂,如图 4-27 所示。此种形式能充分利用地形排水,节省电力,适用于个别阶梯地形或起伏很大的地区。

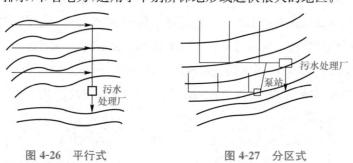

图 4-26　平行式　　　　　　　　图 4-27　分区式

5. 分散式

当城镇中央部分地势高且向周围倾斜,而四周又有多处排水出路时,各排水流域的干管常采用辐射状布置,各排水流域具有独立的排水系统,如图 4-28 所示。其特点是干管长度短、管径小、管道埋深浅、便于污水灌溉等,但污水处理厂和泵站(如需设置时)的数量将增多,适用于地势平坦的大城市。

6. 环绕式

可沿四周布置主干管,将各干管的污水截流送往污水处理厂集中处理,这样就由分散式发展成环绕式布置,如图 4-29 所示。其特点是污水处理厂和泵站(如需设置时)的数量少,基建投资和运行管理费用小。

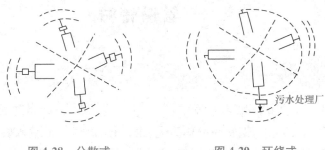

图 4-28　分散式　　　　　　　图 4-29　环绕式

4.2.5　污水处理厂

污水处理厂是处理和利用污水及污泥的一系列工艺构筑物与附属构筑物的综合体。城市污水处理厂一般设置在城市河流的下游地段,并与居民区域城市边界保持一定的卫生防护距离。城市污水处理的典型流程如图 4-30 所示。

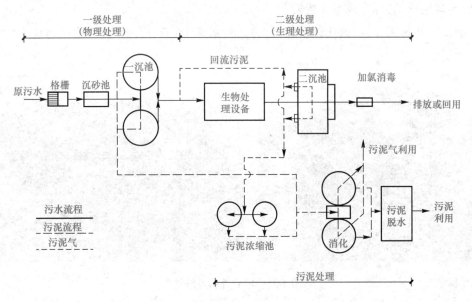

图 4-30　城市污水处理典型流程

由图 4-30 可知,在城市污水处理典型流程中,物理处理部分为一级处理,生物处理部分为二级处理,而污泥处理采用厌氧生物处理即消化。为缩小污泥消化池的容积,两个沉池的污泥在进入消化池前需进行浓缩。消化后的污泥经脱水和干燥后可进行综合利用,污泥气体可作为化工原料或燃料使用。

4.3 管道管材

4.3.1 钢管

钢管具有强度高、抗冲击、韧性和严密性好、易加工等优点,但耐腐蚀性差,需要有良好的防腐措施。在给水管道系统中,钢管一般作为大、中口径,高压力的输水管道,特别适应于地形复杂的地区。高压燃气管道必须使用钢管,中压燃气管道也大多使用钢管。低压燃气管道在通过主干道时,也要用钢管。

1. 钢管的种类

钢管按制造方法可分为以下三种:

(1)无缝钢管。无缝钢管是用优质碳素钢或低合金钢经热轧或冷拔而成,可用于各类等级压力的燃气管道,但投资略高于直接焊接钢管。连接方式多采用焊接,当与阀门连接时采用法兰连接。

(2)卷焊钢管(又称为焊接钢管)。

1)螺旋缝卷焊钢管:价格比较低廉,焊缝为螺旋形,在管子上形成的线条也比较均匀,如图 4-31 所示。

图 4-31　螺旋缝卷焊钢管

2)直缝卷焊钢管:用钢板分块卷制焊接而成,焊缝为直缝,如图 4-32 所示。用于输送蒸汽、煤气、水、油品、油气及其他类似介质。其主要用于大直径低压管道。

(3)水煤气输送钢管。通常将低压流体输送用的钢管称为水煤气管。水煤气输送钢管按镀锌与否可分为黑铁管和白铁管。水煤气钢管的配件主要用可锻铸铁或软钢制造,可分为镀锌与不镀锌两种。管件按其用途可分为管路延长连接用配件(管箍、外丝);管路分支连接用配件(三通、四通);管路转弯用配件(90°弯头,45°弯头);节点碰头连接用配件(补心、大小头);管路堵口用配件(丝堵、管堵头),如图 4-33 所示。

图 4-32　直缝卷焊钢管

| 管箍 | 普通的
（不通丝的）
外接头 | 通丝的 | 异径外接头 | 活接头 |

六角内接头　内外螺母　锁紧螺母　弯头　异径弯头

月弯　外月弯　45°弯头　三通　中小三通

中大三通　四通　异径四通　管堵　管帽

图 4-33　水煤气钢管配件

2. 钢管的安装

焊接钢管的连接方法有螺纹连接、焊接及法兰连接；无缝钢管、不锈钢管的连接方式主要有焊接、法兰连接。

（1）**钢管的螺纹连接与加工**。螺纹连接也称为丝扣连接，是在钢管端部加工螺纹，然后拧上带内螺纹的管子配件，再和其他管段连接起来构成管路系统。

1)圆柱形管螺纹:螺纹深度及每圈的螺纹直径均相等,如图 4-34(a)所示。管子配件及螺纹阀门的内螺纹均为圆柱形,加工方便。

2)圆锥形管螺纹:各圈螺纹直径不相等,从螺纹端头到根部成锥台形,如图 4-34(b)所示。

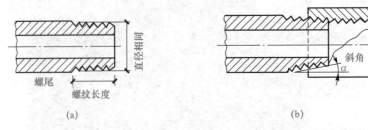

图 4-34 圆柱及圆锥管螺纹

(a)圆柱形管螺纹;(b)圆锥形管螺纹

管子连接一般采用圆锥外螺纹与圆柱形内螺纹连接,简称锥接柱。这种连接方式的丝扣越拧越紧,接口较严密。管道螺纹连接一般要用填充材料,增加管子接口的密封性。燃气管道连接时,不允许使用麻丝、铅油等易干裂材料(避免漏气),而应采用聚四氟乙烯胶带作为螺纹接口的填充料。

(2)**钢管焊接**。钢管焊接是钢管连接的主要方式,是将管子接口处加热,使金属达到熔融状态,从而使两个被焊件连接在一起,如图 4-35 所示。焊接的主要方法有手工电弧焊、气焊、手工氩弧焊、埋弧自动焊、接触焊等。

(3)**钢管的法兰连接**。法兰式管口上的带螺栓孔的圆盘,如图 4-36 所示。法兰连接严密性好,安装拆卸方便,适用于需要检修或定期清理的阀门、管路附属设备与管子的连接。

图 4-35 钢管焊接

图 4-36 法兰连接管件

4.3.2 铸铁管

铸铁管可分为普通铸铁管和球墨铸铁管。其规格常用公称直径表示,如 $DN200$。

一般来说,管子的直径可分为外径、内径、公称直径。管材为无缝钢管的管子的外径,用字母 D 表示,其后附加外直径的尺寸和壁厚,例如,外径为 108 的无缝钢管,壁厚为5 mm,用 $D108 \times 5$ 表示;塑料管也用外径表示。其他如钢筋混凝土管、铸铁管、镀锌钢管等采用 DN 表示,在设计图纸中一般采用公称直径表示,公称直径是为了设计制造和维修的方便人为规定的一种标准,也称为公称通径,是管子(或者管件)的规格名称。管子的公称直径和其内径、外径都不相等,公称直径是接近于内径,但是又不等于内径的一种管子直径的规格名称。在设计图纸中之所以要使用公称直径,目的是根据公称直径可以确定管子、管件、阀门、法兰、垫片等结构尺寸与连接尺寸,公称直径采用符号 DN 表示,如果在设计图纸中采用外径表示,也应该作出管道规格对照表,表明某种管道的公称直径,壁厚。

1. 普通铸铁管

普通铸铁管采用灰铸铁铸造,它对泥土、浓硫酸等的耐腐蚀性较好,所以,常用于埋在地下的给水总管、煤气总管、污水管或料液管。由于铸铁性脆、强度低、紧密性差,因此,不能用在较高的压力下输送爆炸性、有毒害的介质,更不能用在蒸汽管路上。灰口铸铁管是过去使用较广泛的一种给水管材,由于该管材质地较脆,抗震动和冲击能力较差,近年来已被我国逐步淘汰。

2. 球墨铸铁管

球墨铸铁管属于柔性管,是近十几年来引进和开发的一种管材,具有强度高、韧性大、抗腐蚀能力强的特点。球墨铸铁管的管口之间采用柔性接头,且管材本身具有较大的延伸率,使管道的柔性较好,在埋地管道中能与周围的土体共同工作,改善了管道的受力状态,提高了管网的可靠性,因此,得到了越来越广泛的使用。

3. 铸铁管道连接

铸铁管道通常采用承插式接口。按接口形式和使用材料的不同可分为刚性接口和柔性接口两种类型。刚性接口:石棉水泥接口、膨胀水泥接口;柔性接口:青铅接口、橡胶圈接口(图 4-37)、机械接口(图 4-38)。

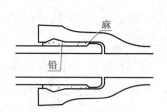 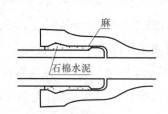 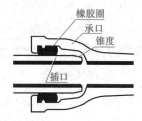

图 4-37　承插铸铁管的几种传统接口形式

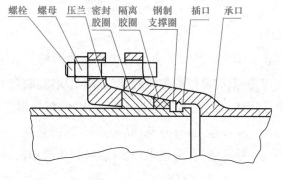

图 4-38　机械接口

4.3.3　塑料管

适用于燃气管道的塑料管主要是聚乙烯管,其性能较为稳定,脆化温度低(-80 ℃),具有质轻、耐腐蚀及良好的抗冲击性能。材质延伸率大,可弯曲使用,内壁光滑,管子长、接口少,运输施工方便,劳动强度低,如图 4-39 所示。管道连接应采用电熔连接或热熔连接,不得采用螺纹连接和粘接。聚乙烯燃气管道只作埋地管道使用,严禁做室内或地上管道。

1. PVC-U 双壁波纹管

PVC-U 双壁波纹管是以聚氯乙烯树脂为主要原料,经挤出成型的内壁光滑、外壁为梯形波纹状肋,内壁和外壁波纹之间为中空的异型管壁管材,如图 4-40 所示。管材重量轻、搬运安装方便。因双壁波纹管采用橡胶圈承插式连接,且是柔性接口,可抗不均匀沉降,故施工质量易保证。一般情况下不需要做混凝土基础,管节长、接头少,施工速度快。

图 4-39　塑料管　　　　　　图 4-40　双壁波纹管

2. 塑料管道的连接

(1)热风焊接(对焊)。热风焊接即用过滤后的无油、无水压缩空气,经塑料焊枪中的加热器加热到一定温度后,由焊枪喷嘴喷出,使塑料焊条和焊件加热呈熔融状态而连接在一起。

(2)热熔压焊接(接触焊接)。热熔压焊接即利用电加热元件所产生的高温,加热焊件的焊接面,直至熔稀翻浆,然后抽去加热元件迅速压合,冷却后即可牢固连接。

(3)粘接连接。粘接连接常用于承插接口,接口强度较高。首先,需将管子一端扩张成承口,然后将管子粘接口的污物去掉,用砂纸打磨粗糙,均匀地将胶粘剂涂刷到粘合面上,将插口插入到承口内即可。

4.3.4　水泥制品管

1. 钢筋混凝土压力管

水泥制品管的压力管有预应力和自应力钢筋混凝土管两种。预应力钢筋混凝土管在管身预先施加纵向与环向应力,具有良好的抗裂性能,其耐土壤电流侵蚀的性能远较金属管好;自应力钢筋混凝土管借助膨胀水泥在养护过程中发生膨胀,张拉钢筋,而混凝土则因钢筋张拉所给予的张拉作用力而产生压应力,具有与预应力管相同的优点。

钢筋混凝土管主要用于输水管道,管道采用承插接口,用圆形截面橡胶密封,可以抵抗一定的沉陷、错口和弯折。

2. 水泥制品排水管道

水泥制品排水管道分混凝土管道、轻型钢筋混凝土管、重型钢筋混凝土管三种。管口形状通常有承插式、平口式、企口式,如图 4-41 所示。混凝土管最大管径一般为 450 mm,长度多为 1 m,适用于管径较小的无压管;轻型、重型钢筋混凝土管长度多为 2 m,由于管壁厚度不同,承受的荷载也有很大差异。

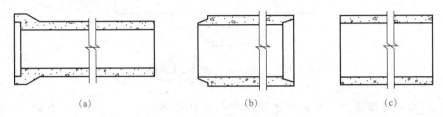

(a) (b) (c)

图 4-41　混凝土管和钢筋混凝土管
(a)承插式;(b)企口式;(c)平口式

3. 排水管道接口

排水管道的不透水性和耐久性,在很大程度上取决于敷设管道时接口的质量。

(1)柔性接口。柔性接口是指允许管道接口有一定的弯曲和变形的接口。常用的柔性接口有石棉沥青卷材和橡胶圈接口,如图 4-42 所示。

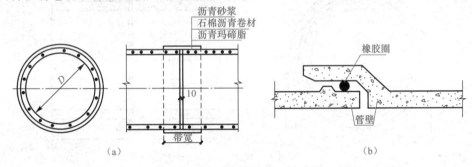

(a) (b)

图 4-42　柔性接口
(a)石棉沥青卷材接口;(b)橡胶圈接口

(2)刚性接口。刚性接口不允许管道接口有轴向变形,且抗震性差。常用的管道刚性接口有水泥砂浆抹带接口和钢丝网水泥砂浆抹带接口。承插式钢筋混凝土管一般为刚性接口,接口填料为水泥砂浆,适用于小口径雨水管道,如图 4-43、图 4-44 所示。

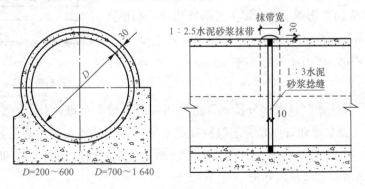

D=200~600　　D=700~1 640

图 4-43　水泥砂浆抹带接口(平口式)

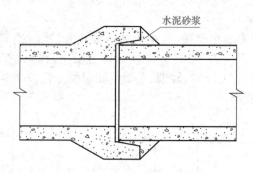

图 4-44　水泥砂浆抹带接口(承插式)

(3)半刚性半柔性接口。半刚性半柔性接口的使用条件介于上述两种之间,其接口形式为预制套环石棉水泥接口,这种接口强度高、严密性好,适用于大、中型的平口管道,如图 4-45 所示。

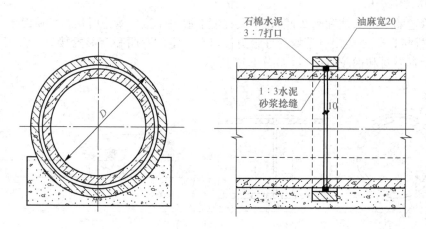

图 4-45　预制套环石棉水泥接口

4. 排水管道基础

排水管道基础可分为地基、基础(垫层)和管座三部分。通常有砂土基础和混凝土带形基础。如图 4-46 所示。

(1)砂土基础。砂土基础包括弧形素土基础(在原土上挖一与管外壁相符的弧形槽,管子落在弧形管槽里,适用于无地下水、管径小于 600 mm)和砂垫层基础(在槽底铺设一层10~15 cm 的粗砂,适用于管径小于 60 mm、岩石或多石土壤地带)。

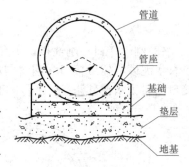

图 4-46　管道基础断面

(2)混凝土带形基础。绝大部分排水管道采用混凝土带形基础,混凝土强度等级一般为C8~C10。管道设置基础和管座是为了保护管道不被压坏。管座包的中心角越大,管道的受力状态越好。通常管座包角分为 90°、120°、135°、180°、360°等几种,如图 4-47 所示。若有地下水,常在槽底先铺设卵石或碎石垫层。

4.3.5 陶土管与排水管渠

1. 陶土管

陶土管由黏土和石英砂按一定比例,经过研细、调和、制坯、烘干、焙烧等过程制成。其分为平口式和承插式两种,如图 4-48 所示。陶土管虽具有内、外壁光滑,水流阻力小,耐磨损,抗腐蚀的特点,但管节短,接口多,安装施工麻烦。陶土管多用于排除酸性废水或管外有侵蚀性地下水的污水管道。

2. 大型排水管渠

钢筋混凝土排水管道的预制管径一般为 2 m 左右,当管径过大时,由于管道运输的限制,通常就在现场建造排水管渠。管渠的断面形状有圆形、矩形、半椭圆形等,通常用砖、石、混凝土块、钢筋混凝土块、现浇混凝土结构等建造,如图 4-49 所示。

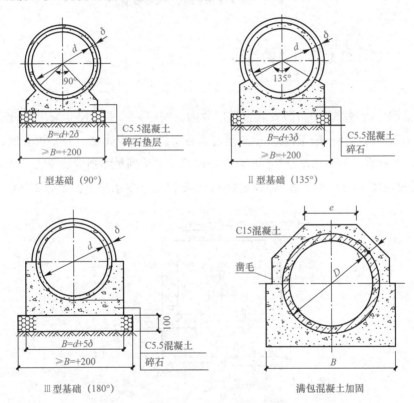

Ⅰ型基础（90°）　　　　Ⅱ型基础（135°）

Ⅲ型基础（180°）　　　　满包混凝土加固

图 4-47　混凝土带形基础

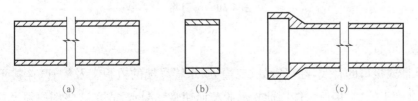

(a)　　　　(b)　　　　(c)

图 4-48　陶土管

(a)直管；(b)管箍；(c)承插管

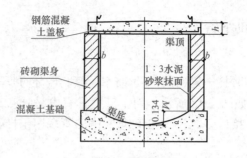

图 4-49　矩形大型渠道

4.4　管网附属构筑物

4.4.1　给水管道上的附属构筑物

1. 阀门井

管网中的附件(各种阀门)一般安装在阀门井内。阀门井的平面尺寸取决于管道直径和附件的种类与数量。阀门井一般用砖砌,也可用石砌或钢筋混凝土建造。井室由井底、井壁、井盖组成,如图 4-50 所示。上部井盖或井圈应在井壁砌筑完毕达到足够强度后安装。在有地下水的地区,井室外壁应用水泥砂浆抹面,抹面高度应高出最高地下水水位不少于 0.25 m。

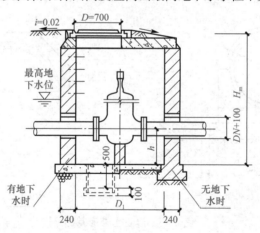

图 4-50　阀门井

2. 支墩

由于承插式接口的管线,在弯管处、三通处、水管尽端的盖板上及缩管(连接不同管径的管道)处都会产生拉力,接口可能因此松动脱节而使管线漏水,故在这些部位须设置支墩以承受拉力和防止事故。支墩常用砖、混凝土或浆砌块石砌成,如图 4-51 所示。

3. 管线穿越障碍物

当管线穿越较重要的障碍物或交通频繁的公路时,管道需放在钢筋混凝土套管内,套管直径根据施工方法而定。大开挖施工时,套管直径应比给水管直径大 300 mm;使用顶管法施工时,套管直径应比给水管直径大 600 mm。当管道穿越铁路时,两端应设检查井,井内设阀门和排水管等。

4.4.2 排水管道上的附属构筑物

1. 雨水口(雨水井)

地面及街道路面上的雨水,通过雨水口经过连接管流入排水管道,如图 4-52 所示。雨水井侧面有孔与排水管道相连,底部有向下延伸的渗水管,可将雨水向地下补充并使多余的雨水经排水管道排走,减缓地面沉降及防止暴雨时路面被淹泡,井中设有拦污栅栏,可拦截污物防止堵塞排水管道,并便于清理。雨水口一般设置在道路两侧和广场等地。街道上的雨水口间距一般为 30~80 m。

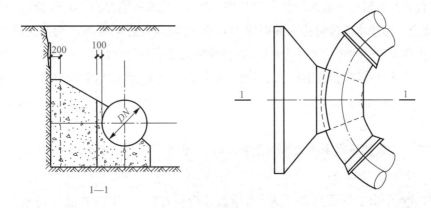

图 4-51　支墩断面与平面图

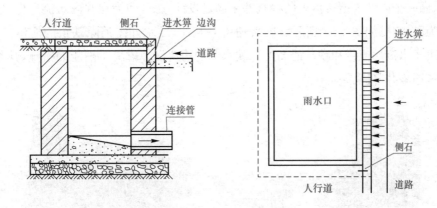

图 4-52　雨水口(雨水井)立面与平面构造示意

171

2. 检查井

为便于对管渠系统做定期检查和清通,必须设置检查井。检查井通常设置在管渠交汇、转弯、管渠尺寸或坡度改变、跌水等处以及相隔一定距离的直线管渠段上。检查井一般为圆形,由井底(包括基础)、井身和井盖(包括盖座)组成,如图 4-53 所示。

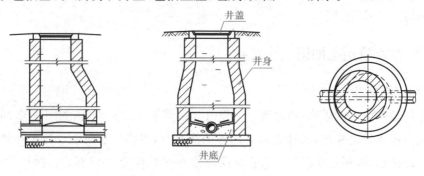

图 4-53　圆形检查井

(1)检查井井底材料一般采用低强度等级混凝土,基础采用碎石、卵石、碎砖夯实或低强度等级混凝土。为使水流流过检查井时阻力较小,井底应设置半圆形或弧形流槽,流槽高按设计要求,槽沟肩宽一般不应小于 20 cm,以便养护人员下井时立足。

(2)检查井井身材料可采用砖、石、混凝土或钢筋混凝土,我国目前大部分采用砖砌,并以水泥砂浆抹面。在大直径管道的连接或交汇处,检查井可做成方形、矩形、拱门形或其他不同形状。

(3)检查井井盖和盖座采用铸铁或钢筋混凝土,在车行道上一般采用铸铁。

3. 跌水井

在排水管道中由于管道落差较大(当检查井内衔接的上、下游管底标高落差大于 1 m 时),按正常管道坡度无法满足设计要求时,为消减水流速度,防止冲刷,在检查井内应有消能措施,采取做一个内部管道有落差的检查井来满足设计方案,因为在井内水流产生跌落,故这样的井称为跌水井,如图 4-54 所示。同普通窨井相比,跌水井需消除跌水的能量,这一能量的大小取决于水流的流量和跌落的高度。跌水井的构造设计取决于消能的措施,其井底构造一般都比普通窨井坚固。

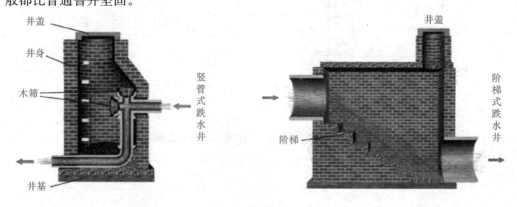

图 4-54　跌水井示意

4. 溢流井

在截流式合流制排水系统中，为了避免晴天时的污水和初期降水的混合水对水体造成污染，因此，在合流制管渠的下游设置截流管和溢流井。

溢流井的设置是为了控制混合污水的流入不超过污水处理厂的处理负荷。截流式合流制排水系统是在临河岸边建造一条截流干管，同时，在合流干管与截流干管相交前或相交处设置溢流井，并在截流干管下游设置污水厂。晴天和初降雨时所有污水都排放送至污水厂，经处理后排入水体，随着降雨量的增加，雨水径流也增加，当混合污水的流量超过截流干管的疏水能力后，就有部分混合污水经溢流管溢出，直接排入水体，如图4-55所示。

5. 防潮门

临海城市的排水管渠为防止涨潮时潮水倒灌，在排水管渠出水口上游的适当位置设置装有防潮门（或平板闸门）的检查井，如图4-56所示。

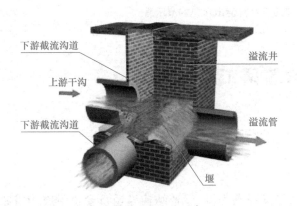

图4-55　溢流井示意

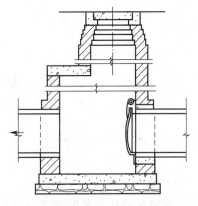

图4-56　带有防潮门的检查井

6. 出水口

排水管渠的出水口一般设置在岸边，出水口与水体岸边连接处一般做成护坡或挡土墙，以保护河岸及固定出水管渠与出水口。出水口与水体岸边连接处应采取防冲、消能、加固等措施，一般用浆砌块石做护墙和铺底。在受冻胀影响的地区，出水口应考虑耐冻胀材料砌筑，其基础必须设置在冰冻线下。

为使污水与水体水混合较好，排水管渠出水口一般采用淹没式，其位置除考虑上述因素外，还应取得当地卫生主管部门的同意。如果需要污水与水体水流充分混合，则出水口可长距离伸入水体分散出口，此时应设置标志，并取得航运管理部门的同意。雨水管渠出水口可采用非淹没式，其底标高最好在水体最高水位以上，一般在常水位以上，以免水体水倒灌。当出口标高比水体水面高出太多时，应考虑设置单级或多级跌水。

出水口分为多种形式，常见的有一字式出水口、八字式出水口和门字式出水口。如图4-57所示为某一字式排水管道出水口构造示意。

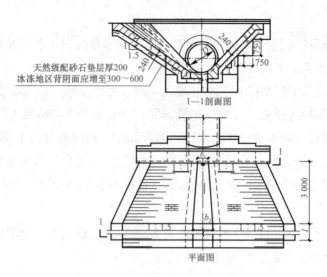

天然级配砂石垫层厚200
冰冻地区背阴面应增至300～600

1—1剖面图

平面图

图 4-57　某一字式排水管道出水口构造示意

4.5　市政管网工程图识图

4.5.1　市政管网工程图组成及图示特点

1. 市政管网工程图的组成

市政管网工程图主要由管道平面图、管道纵断面图、管道结构详图及管道附属构筑物结构详图等组成。这里只针对市政排水管网工程进行识读。

在识读市政管网工程图纸之前应清楚管道的埋深关系，如图 4-58 所示。

(1)覆土深度。覆土深度是指地面标高至管道外顶标高之间的距离。

(2)埋设深度。埋设深度是指地面标高至管道内底标高之间的距离。

掌握管道的埋深关系，对于识读管道平面图、纵断面图，结合图纸计算管道土方工程量具有重要作用。

2. 市政管网工程图的图示特点

(1)市政管网施工图的图样一般采用正投影绘制，工艺流程图采用示意法绘制。

(2)图中的管道、器材和设备一般采用国家有关制图标准规定的图例表示。

(3)不同直径的管道以同样线宽的线条表示，管道坡度也无须按比例画出（画成水平即可），但应用数字注明管径和坡度。

(4)管道与墙的距离一般示意性绘出，安装时按有关施工规范确定。即使暗装管道应与明装管道一样画在墙外，也应附说明。

(5)当在同一平面位置布置有几根不同高度的管道时，若严格按投影来画，平面图就会重叠在一起，这时可画成平行排列。

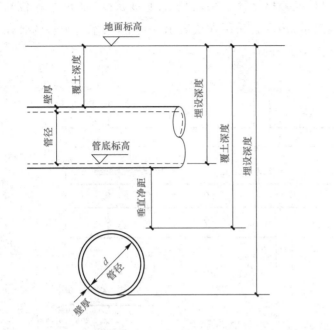

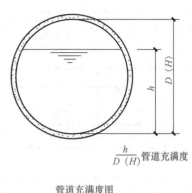

$\dfrac{h}{D\,(H)}$ 管道充满度

管道充满度图

图 4-58　管道埋深关系图

(6)为了删掉不需表明的管道部分,常在管线端部采用细线的 S 形折断符号表示。

(7)管道上的连接配件均属标准的定型工业产品,在图中均不予画出。

4.5.2　市政排水管网平面图识读

市政排水管网平面图表示室外排水管道的平面布置情况。

以图 4-59 为例,识图具体内容如下:

(1)识读图中标出的室外原有和新建的建筑物、构筑物、道路、等高线、施工坐标和指北针等。在图 4-59 中,排水管道与道路同时铺设,道路两侧分别是居民住宅区、商场及中学等建筑物。

在市政工程施工图纸中,管网工程平面图是直接绘制在已有或配套新建的道路工程平面图上的,不仅可以从图中识读道路路宽及道路横向布置情况,还可以了解道路周围建筑物及构筑物的情况。施工坐标及指北针的标示方法也与道路平面图中一致。

(2)了解排水管网平面图的方向,应与室外建筑平面图的方向一致。在图 4-59 中,排水管道铺设方向与道路一致,均为东西走向。

(3)了解排水管网平面图的比例,通常与该室外建筑平面图的比例相同。在图 4-59 中,排水管道平面图的比例为 1∶2 000。

(4)分别识读污水管道图和雨水管道图。通常同一张图纸上既有污水管道,又有雨水管道时,一般分别用符号 W 和 Y 加以标注,以表示污水管道和雨水管道及其附属构筑物。另外,注意识读图纸中的图例符号,弄清楚在此图中,污水管和雨水管分别采用哪种线型来表示,以免混淆。在不同的图纸中,线型的采用是不同的。管道上方通常会标注该段管道的管径大小(一般以 d 或 DN 开头,表示内径或公称直径大小)和敷设直线长度(以 m 为单位)。如图 4-59 所示,雨水管采用双点画线表示,污水管采用虚线表示。其中,雨水管干管的管径为 $d=900$ mm,污水管干管的管径为 $d=800$ mm。

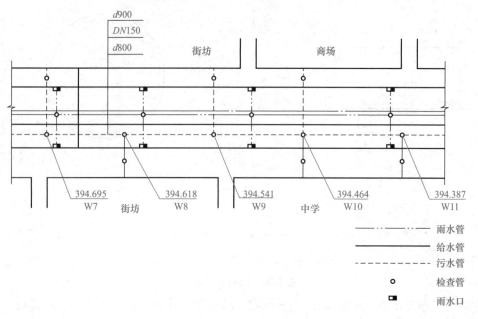

图 4-59　某排水管道平面图(1∶2 000)

(5)识读管道上的附属构筑物。排水管道上的附属构筑物主要是指各种检查井和雨水进水井。检查井多为圆形,与管道的标注符号相同,W 代表污水检查井,Y 代表雨水检查井,且同类型的检查井数量多于 1 个时,其符号后会加注阿拉伯数字进行编号,并采用引出线标出表示。引出线上除了标注检查井的编号,通常还会标明该检查井的井盖处标高(一般标于引出线上方)和井底标高(一般标于引出线下方),以方便确定井深。

雨水进水井(雨水口)通常设置在道路车行道边缘,即路面两侧,多为矩形。

排水管道的设置是以检查井作为分段的,管线上方标注的管道直线长度是指该段管道的起始检查井(或雨水井)的中心至该段管道的结束检查井(或雨水井)的中心。连通各座检查井的排水管道称为干管,连通检查井与雨水口的排水管道称为支管,也称为连接管。

【例 4-1】 如图 4-1 所示,识读某排水平面图。

【读图】 从排水平面图可知,排水管道沿道路两侧铺设。该标段道路的起止桩号位K0+320~K0+640,全长约 $640-320=320$(m)。

通过识读该图右上角的指北针可知,该段道路为东西走向,则排水管道的铺设方向与道路的一致。该排水平面图未标明比例。

视频:【例 4-1】

通过识读图例说明可知,图中"—⊕—"标识表示设计雨水管道及雨水检查井,"—○—"标识表示设计污水管道及污水检查井,且 W 代表污水检查井,Y 代表雨水检查井,双圈同心圆表示沉砂井。从平面图中可知,该道路北侧和南侧均有设置污水和雨水管道。

以北侧污水和雨水管道为例,根据→所示代表的水流方向,北侧污水管道起始于检查井

176

WA8,终止于检查井 WA16,途径 9 座检查井,其中 WA15 为沉砂井(井上方标有对应桩号为 K0＋585.70)。任意相邻两座污水检查井之间的连线代表污水管道,连线上方的 D 表示该段管道的直径(一般指公称直径),L 表示管道从井中心至井中心的水平铺设长度。读图可知,北侧污水管道的管径全部为 $D=0.5$ m,铺设长度为各段水平铺设长度 L 之和。

北侧雨水管道起始于检查井 YA8,终止于检查井 YA16,途径 9 座检查井,其中 YA15 为沉砂井(井上方标有对应桩号为 K0＋605.26)。读图可知,北侧雨水管道的管径以检查井 YA11 为界,以西雨水管道管径 $D=1$ m,以东雨水管道管径 $D=1.2$ m,铺设长度为各段水平铺设长度 L 之和。

同理,可识读南侧污水和雨水管道,在此不再赘述。

每一座检查井的上方或下方(北侧为上方,南侧为下方)对应井中位置均标识有里程桩号,以便准确掌握每一座井的平面位置。

4.5.3　市政排水管道纵断面图识读

管道纵断面图是用来表示管道埋深、坡度和管道竖向空间的关系。以图 4-60 为例。

以图 4-60 为例,识图具体内容如下:

(1)比例:由于管道的长度方向比直径方向大得多,为了说明地面起伏情况,在纵断面图中,通常采用横向和纵向的不同组合比例。例如,纵向比例常用 1∶200、1∶100、1∶50,横向比例常用 1∶1 000、1∶500、1∶300 等。图 4-60 中,纵向比例为 1∶200。

(2)图样及高程标尺:图样显示管道及其附属构筑物的纵向布置、位置关系等,以及地面起伏变化情况;高程标尺可以显示管道坐标及埋设深度等。图 4-60 中,该污水管道在标段内穿过了 5 座检查井,且在不同埋设高度,有 4 条雨水管道和 3 条给水管道与该污水管道垂直铺设。通过高程标尺可以看出,该污水管道的埋设深度在标高 394～395 m。

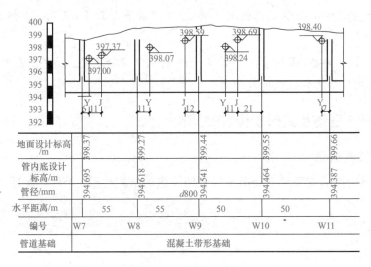

图 4-60　某污水管道纵断面图(1∶200)

(3)断面轮廓线型:管道纵断面图是沿干管轴线铅垂剖切后画出的断面图,压力流管道采用单粗实线绘制,重力流管道采用双粗点画线和粗虚线绘制;地面、检查井、其他管道的横断面(不按比例,用小圆圈表示)等用细实线绘制。

表达干管的有关情况和设计数据,以及在该干管纵断面、剖切到的检查井、地面,以及其他管道的横断面,都用断面图的形式表示,图中还在其他管道的横断面处,标注了管道类型的代号、定位尺寸和标高。

(4)数据表:在断面图的下方,用表格分项列出该干管的各项设计数据,例如,设计地面标高、设计管内底标高、管径、水平距离、编号、管道基础等内容。另外,还常在最下方画出管道的平面图,与管道纵断面图对应,便可补充表达出该排水干管附近的管道、设施和建筑物等情况。

【例4-2】 如图 4-2 所示,识读南侧雨水排水纵断图。

【读图】 根据该图注解第二条或图的比例尺标注可知,本纵断面图横向比例为 1∶1 000,竖向比例为 1∶100。

视频:【例 4-2】

从上方图样中可知,南侧雨水管道在标段内共有 9 座检查井(包括两端的两座)且在第 2 座和第 6 座检查井处,从南侧垂直接入管径 $D=0.5$ m 的雨水管,接入管道的管底高程分别为 69.031 m 和 68.519 m。第 8 座检查井为落底井(即沉砂井)。结合图样左侧的高程标尺可以看出,南侧雨水管道的埋设深度在标高 67 m~71 m。

从下方数据表中可知,该段 9 座雨水检查井的编号为 YB8~YB16,每座检查井可查找其对应的覆土厚度、现地高程、井口高程、管底高程、道路桩号及相邻两座检查井之间的间隔距离(即管道铺设水平长度)和铺设管道的结构。例如,检查井 YB8 处管道的覆土厚度为 1.07 m,现地高程为 69.981 m(即为原地面高程),井口高程为 70.725 m(即为设计路面高程),管底高程为 68.651 m(即为井底高程),井中心处道路桩号为 K0+317.18,与检查井 YB8 相邻的 YB9 之间的管道为管径 $D=1$ m 的钢筋混凝土管,采用混凝土带形基础,承插式橡胶圈接口,管段水平铺设长度为 40 m。

以检查井 YB11 为界,西侧管道为管径 1 m 的钢筋混凝土管,东侧管道为管径 1.2 m 的钢筋混凝土管,两段管道的铺设坡度均为 $i=3‰$。

4.5.4 排水管道及其附属构筑物结构图识读

1. 排水管道结构图

排水管道结构图通常采用横断面图来说明管道的结构构造,如图 4-61 所示。

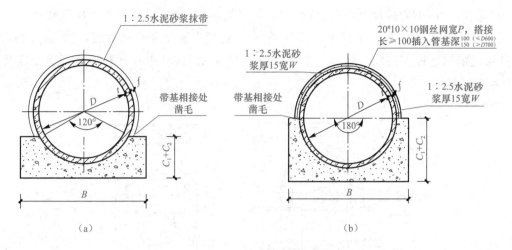

图 4-61　某管道横断面图

(a)水泥砂浆抹带接口；(b)钢丝网水泥砂浆抹带接口

图中管道的基础采用现浇混凝土带形基础,管座包角分别为120°和180°。基础底宽为B,基础和管座高为C_1+C_2。其中,120°管座包角的管道采用水泥砂浆抹带接口;180°管座包角的管道采用钢丝网水泥砂浆抹带接口(具体做法如图所示)。管道内径为D,管道壁厚为t。

【例 4-3】　如图 4-4 所示,识读管道结构图。

【分析】　该管道结构图左侧为管道及基础断面图,右侧为基础尺寸表,可结合图表进行识读。

【读图】　以 D=500 mm 管道为例,通过断面图可知,该管道基础最下部采用 C10 素混凝土垫层,其截面尺寸为(B_1+200)mm×100 mm,查基础尺寸表可知,当管道管径 D=500 mm 时,B_1=880 mm,则有垫层截面尺寸为 1

视频:【例 4-3】

080 mm×100 mm。垫层之上是 C20 混凝土基础及管座。其中,基础截面尺寸为 $B_1×h_1$,即 880 mm×80 mm;管座包角为135°,底宽为 80 mm 与基础一致,高度 h_2=208 mm。管座之上安装管道,管道尺寸中内径 D=500 mm,外径 D_1=610 mm,壁厚 H_1=55 mm,承口外径 D_2=780 mm(从图 4-3 南侧污水排水纵断面图的数据表中的"管道结构"栏中可知,该污水管道采用承插式橡胶圈接口)。

2. 管道附属构筑物结构图

管道附属构筑物结构图通常采用三面正投影图(立面图、侧面图、平面图)来说明管道附属构筑物的结构。这里以检查井和雨水井为例进行识图。

(1)检查井:如图 4-62 所示,为某砖砌圆形污水检查井。

该检查井的基础为 C10 混凝土圆形基础,其直径为 1 580 mm,厚度等于穿过该检查井的干管管基厚度,检查井井身平面尺寸比基础内缩 50 mm。井身及井筒均为砖砌,且壁厚均为 240 mm。井身内径为 1 000 mm,上部有≥840 mm 的收口段,直至内径收为700 mm,与井筒相连。井筒上部设有 C30 混凝土井圈,其上安装有井盖及其支座。井身非收口段采用厚度为 20 mm 的内抹面,收口段设有内面勾缝处理,井身内壁安装有脚蹬式爬梯。有三条管道穿过该检查井,其中干管由直径 D_1 的管道转变为直径为 D 的管道,支管直径为 D_2,且 D 管道的内底标高与井底标高一致。由图 4-62 可知,该检查井具有污水管道变径及支管交汇等功能。

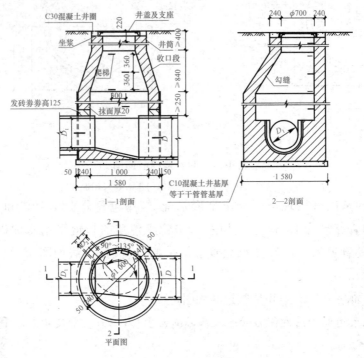

图 4-62　砖砌圆形污水检查井

(2)雨水井:如图 4-63 所示,为某砖砌雨水进水井。

该雨水进水井的基础采用 C10 混凝土现浇基础,其尺寸为 1 260 mm×960 mm×100 mm,井内采用 150 mm 厚 C10 豆石混凝土作为井底流槽。井身为 240 mm 厚 M10 水泥砂浆砌 MU10 砖,且墙内采用 1:2 水泥砂浆勾缝。井内净空尺寸为 680 mm×380 mm,高度在 1 m 以内。井身上部为铸铁井圈及铸铁井箅。雨水进水井与路面连接的顶面进行了找坡处理,方便雨水快速汇集至雨水井,并通关井底的雨水口管(即连接管)排至雨水检查井及雨水干管。

【例 4-4】　如图 4-5 所示,识读雨水检查井结构图。

【分析】　结合图 4-2 所示南侧雨水排水纵断面图、图 4-4 所示管道结构图,以雨水检查井 YB11 为例,识读该检查井的结构图。根据检查井的构造组成,结合图中 1—1 剖面、2—2 剖面及平面图,依次从检查井下部往上部进行识读。

视频:【例 4-4】

【读图】　井室及基础均为矩形(平面图),因此,检查井 YB11 是一座矩形检查井。最下部采用 C10 混凝土井基,顺管方向尺寸(1—1 剖面)为 50×2+240×2+1 100=1 680(mm)。垂直管方向尺寸(2—2 剖面)为 50×2+240×2+D+300=880+D(mm)。从 1—1 剖面可

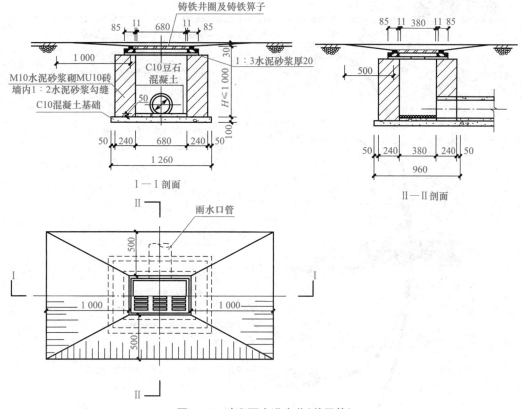

铸铁井圈及铸铁箅子

I—I 剖面

II—II 剖面

雨水口管

图 4-63　砖砌雨水进水井(单平箅)

知,与检查井 YB11 相连的管道管径分别为 D_1 和 D。通过图 4-2 南侧雨水排水纵断面图可知,$D_1 = 1$ m $= 1\,000$ mm,$D = 1.2$ m $= 1\,200$ mm。则有,井基垂直管方向尺寸为 $880 + D =$ $880 + 1\,200 = 2\,080$(mm)。井基厚度则等于干管管基厚度。通过图 4-4 所示管道结构图可知,管径为 $1\,000$ mm 或 $1\,200$ mm 时,管基厚度 h_1 均为 80 mm,则有井基厚度尺寸为 80 mm。

井基之上为砌筑井室,井室底部平面尺寸顺管方向(1-1 剖面)为 $240 \times 2 + 1\,100 =$ $1\,580$(mm),垂直管方向(2-2 剖面)为 $240 \times 2 + D + 300 = 1\,980$(mm),井室高度(1-1 剖面)为 $1\,800$ mm。井室厚度为 240 mm,井室内抹灰厚 20 mm,井室外进行勾缝处理。另外,在管道穿过井壁的洞口上方,要砌筑 180°弧形发砖券,其砌筑高度为 250 mm(由 1-1 剖面可知,$D \geqslant$ $1\,000$ mm券高 250 mm,检查井 YB11 两边干管管径均$\geqslant 1\,000$ mm)。

井室之上为 C25 钢筋混凝土盖板,其厚度为 h,平面尺寸在图中未标明,需要识读盖板结构图才能得知。盖板与井室连接处抹三角灰进行连接固定。盖板上有一直径为 700 mm 的洞口,以便砌筑井筒。

盖板之上为井内径 700 mm(平面图)的砌筑井筒,筒壁厚度 240 mm(2-2 剖面),内壁需要进行抹灰。井筒高度$\geqslant 400$ mm(1-1 剖面),井筒高度可根据设计路面标高进行相应调整。井筒上方装有 C30 混凝土井圈和井盖及支座。井圈的截面尺寸在图中未标明,需要识读井圈结构图才能得知。井盖及支座型号应与井内径相匹配。

检查井井深为 $H_1 \leqslant D + 4\,000$,即 $H_1 \leqslant 5\,200$ mm。通过图 4-2 所示南侧雨水排水纵断面图可知,检查井 YB11 的井口高程为 70.338 m,井底高程(取 $D = 120$ mm 管道的管底高程)为 68.059 m,则有井深 $H_1 = 70.338 - 68.059 = 2.279$(m)。

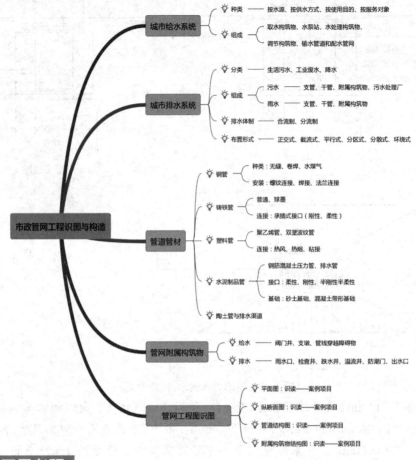

市政管网工程识图与构造

- 城市给水系统
  - 种类 —— 按水源、按供水方式、按使用目的、按服务对象
  - 组成 —— 取水构筑物、水泵站、水处理构筑物、调节构筑物、输水管道和配水管网

- 城市排水系统
  - 分类 —— 生活污水、工业废水、降水
  - 组成
    - 污水 —— 支管、干管、附属构筑物、污水处理厂
    - 雨水 —— 支管、干管、附属构筑物
  - 排水体制 —— 合流制、分流制
  - 布置形式 —— 正交式、截流式、平行式、分区式、分散式、环绕式

- 管道管材
  - 钢管
    - 种类：无缝、卷焊、水煤气
    - 安装：螺纹连接、焊接、法兰连接
  - 铸铁管
    - 普通、球墨
    - 连接：承插式接口（刚性、柔性）
  - 塑料管
    - 聚乙烯管、双壁波纹管
    - 连接：热风、热缩、粘接
  - 水泥制品管
    - 钢筋混凝土压力管、排水管
    - 接口：柔性、刚性、半刚性半柔性
    - 基础：砂土基础、混凝土带形基础
  - 陶土管与排水渠道

- 管网附属构筑物
  - 给水 —— 阀门井、支墩、管线穿越障碍物
  - 排水 —— 雨水口、检查井、跌水井、溢流井、防潮门、出水口

- 管网工程图识图
  - 平面图：识读 —— 案例项目
  - 纵断面图：识读 —— 案例项目
  - 管道结构图：识读 —— 案例项目
  - 附属构筑物结构图：识读 —— 案例项目

复习思考题

1. 按供水方式和使用目的，给水系统可分为哪几种类型？
2. 什么是统一给水系统？什么是分区给水系统？
3. 输水管道和配水管网分别有什么特点？
4. 城市排水可以分成哪几类？其排水要求各是怎样的？
5. 按汇集方式，城市排水体制可分为哪几种方式？各有什么特点？
6. 钢管按制造方法可以分为哪几种类型？
7. 钢管的连接方式有哪几种？
8. 什么是公称直径？
9. 铸铁管和塑料管的连接方式各有哪几种？
10. 混凝土排水管道的刚性接口和柔性接口各有什么特点？各有哪几种类型？
11. 排水管道的基础由哪几部分组成？
12. 排水管道系统中为什么要设置检查井？设置在什么位置？
13. 什么是跌水井？什么是溢流井？
14. 什么是管道的覆土深度和埋设深度？
15. 检查井通常由哪几部分组成？

模块 5

其他市政工程识图与构造

图纸:图 5-1～图 5-3 所示为某挡土墙工程图,包括平面图、立面图和结构设计图。

要求:通过本节学习,识读该挡土墙工程图。

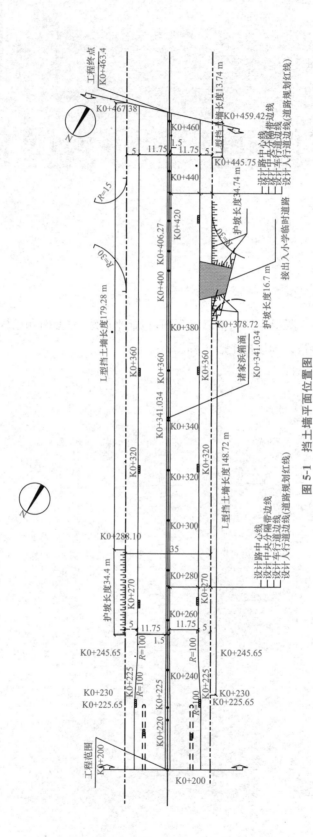

图 5-1 挡土墙平面位置图

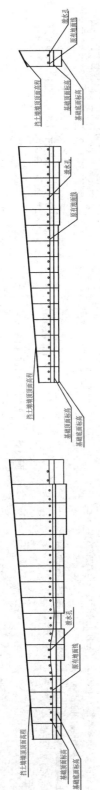

古北路西侧挡土墙立面图
（K0+230—K0+378.72、K0+445.75—K0+459.42）

桩号	K0+230	K0+240	K0+250	K0+260	K0+270	K0+280	K0+290	K0+300	K0+310	K0+320	K0+330	K0+340	K0+350	K0+360	K0+370	K0+378.72
中心线设计标高	4.65	4.76	4.88	5.00	5.12	5.23	5.35	5.46	5.58	5.70	5.81	5.92	6.03	6.13	6.23	6.33
原有地面标高	4.71	4.82	4.94	5.06	5.18	5.29	5.41	5.52	5.64	5.76	5.87	5.98	6.09	6.19	6.29	6.39
挡土墙顶面高程	3.60	3.60	3.60	3.60	3.60	3.60	3.60	3.60	3.60	3.60	3.60	3.60	3.60	3.60	3.60	3.60
基础顶面标高	3.30	3.30	3.30	3.30	3.30	3.30	3.30	3.30	3.30	3.30	3.25	3.25	3.25	3.25	3.25	3.25
基础底面标高	4.10	4.10	4.10	4.10	4.10	4.10	4.10	4.10	4.10	4.10	4.10	4.10	4.10	4.10	4.10	4.10
长度	≤15	≤15	≤15	≤15	≤15	10	10	10	10	10	10	10	10	10	10	8.72
参考断面	1.5-2.0	1.5-2.0	1.5-2.0	1.5-2.0	1.5-2.0	1.5-2.0	1.5-2.0	1.5-2.0	1.5-2.0	1.5-2.0	2.0-2.5	2.0-2.5	2.0-2.5	2.0-2.5	2.5-3.0	2.5-3.0

桩号	K0+445.75	K0+459.42
中心线设计标高	6.99	7.13
原有地面标高	7.05	7.19
挡土墙顶面高程	3.60	3.60
基础顶面标高	3.20	3.20
基础底面标高	4.10	4.10
长度	13.74	
参考断面	3.5-4.0	

古北南路东侧挡土墙立面图
（K0+288.10—K0+467.38）

桩号	K0+288.10	K0+300	K0+310	K0+320	K0+330	K0+340	K0+350	K0+360	K0+370	K0+380	K0+390	K0+400	K0+410	K0+420	K0+430	K0+440	K0+455	K0+467.38
中心线设计标高	5.35	5.46	5.58	5.70	5.81	5.92	6.03	6.13	6.23	6.33	6.44	6.54	6.64	6.74	6.84	6.94	7.11	7.17
原有地面标高	5.41	5.52	5.64	5.76	5.87	5.98	6.09	6.19	6.29	6.39	6.50	6.58	6.70	6.80	6.90	7.00	7.17	7.23
挡土墙顶面高程	3.70	3.70	3.70	3.70	3.70	3.45	3.45	3.25	3.15	3.50	3.25	3.25	3.25	3.60	3.20	3.20	3.20	3.20
基础顶面标高	3.40	3.40	3.40	3.40	3.40	3.45	3.45	3.25	3.15	3.50	3.25	3.25	3.25	3.60	3.20	3.60	3.70	3.70
基础底面标高	4.20	4.20	4.20	4.20	4.20	4.30	4.30	4.00	4.10	4.10	4.10	4.10	4.10	4.10	4.10	4.10	4.20	4.20
长度	11.9	10	10	10	10	10	10	10	10	10	10	10	10	10	10	15	12.38	
参考断面	1.5-2.0	1.5-2.0	1.5-2.0	1.5-2.0	1.5-2.0	2.0-2.5	2.0-2.5	2.0-2.5	2.5-3.0	2.5-3.0	2.5-3.0	2.5-3.0	2.5-3.0	3.0-3.5	3.0-3.5	3.0-3.5	3.5-4.0	

图 5-2 挡土墙立面图

L型挡土墙设计说明

1. 本图L型挡土结构型式仅适用于路基接坡堤路堤支护。
2. 材料：挡土墙现浇，砼标号采用C30，墙下设10 cm厚C15砼垫层。
3. 挡土墙基础底面要求承载地基承载力不小于80 KPa，挡墙基底应置于粘土硬亮之上。
4. 挡土墙基底处若分布有浜塘，则需抽水、清淤，按填浜浜基设计，将浜塘分层压实填浜，且应符合相应深度的要求。
5. 墙前、墙后填土需分层夯实，墙前需满足50 cm的覆土深度。
6. 挡土墙基底不得超挖，以保证土坎的作用。
7. 挡土墙每隔10~15 m应设沉降缝一道，分段长度详见"挡土墙立面设计图"，沉降缝用塑料泡沫板热熔沥青胶合，缝宽约2 cm。
8. 挡土墙泄水孔间距为3~5 m，孔眼尺寸为φ8 cm，采用硬质空心管，在泄水孔的墙背近填以厚30 cm的碎石，外面加以土工布覆盖，以免淤塞。泄水孔入口处附近高于路面或地面20 cm，保证出口通畅。
9. 在挡土墙顶预埋钢管，栏杆设计结构详见有关栏杆设计图。
10. 挡土墙顶按国家建筑标准图集《预制钢筋混凝土方桩》(04 G361) 执行。
11. 预制桩桩顶必须保留长度约500 mm，破桩头露出主筋，弯成喇叭状(约15°)，将钢筋锚固于挡土墙底板。
12. 挡土墙基础设预制桩仅适用于挡土墙高度大于3.0 m情况，挡墙高度≤3.0 m的不设桩基。

挡土墙尺寸表 (H≤4 500)

H	B	h	a	b	c
1 500	1 200	3 00	300	350	550
2 000	1 600	3 00	450	350	800
2 500	2 150	3 50	650	400	110C
3 000	2 550	3 50	800	400	135C
3 500	3 100	4 00	1 000	450	1 650
4 000	3 550	4 00	1 150	450	1 950
4 500	3 750	4 50	1 200	450	2 10C

平面 (H≤4 500)

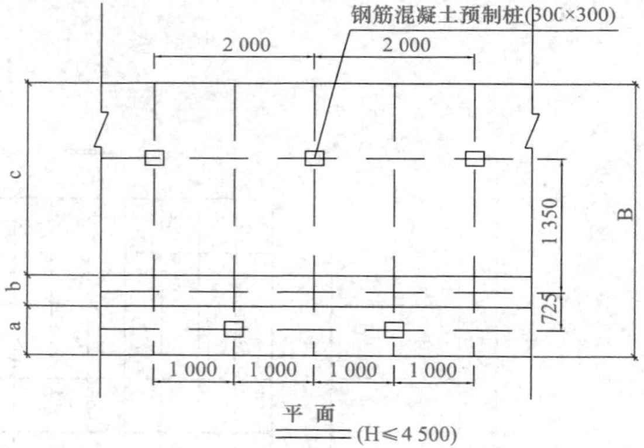

钢筋混凝土预制桩(30C×300)

断面 (H≤4 500)

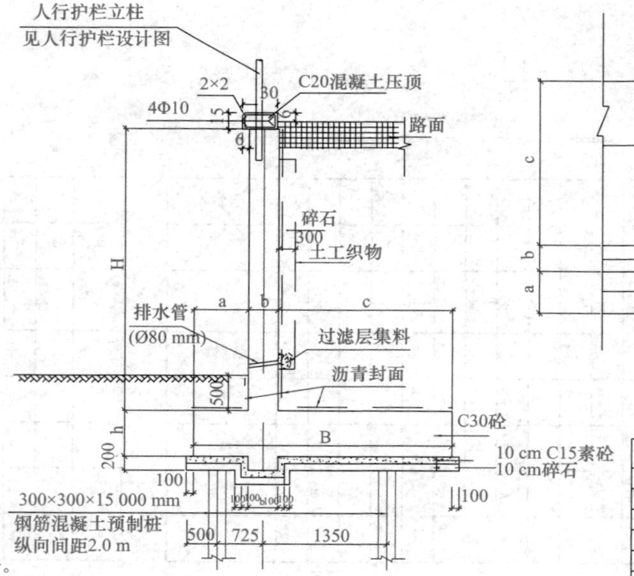

人行护栏立柱 见人行护栏设计图
C20混凝土压顶
路面
碎石
土工织物
过滤层集料
沥青封面
排水管(φ80 mm)
C30砼
10 cm C15素砼
10 cm碎石
300×300×15 000 mm 钢筋混凝土预制桩 纵向间距2.0 m

L型挡土墙结构设计图

注：
1. 本图尺寸以mm计。
2. 挡土墙基础设预制桩仅适用于挡土墙高度大于3.0 m情况，挡土墙高度≤3.0 m的不设桩基。

图 5-3 挡土墙结构设计图

5.1 挡土墙工程识图与构造

5.1.1 挡土墙的作用与类型

1. 挡土墙的主要用途

挡土墙是指支承路基填土或山坡土体以保持其稳定,防止填土或土体变形失稳的构造物。挡土墙设置的位置不同,其作用也不同。

(1)路肩(堤)挡土墙:设置在高填路堤或陡坡路堤的下方,如图 5-4(a)(b)所示。它的作用是防止路基边坡或基底滑动,确保路基稳定,同时可收缩填土坡脚,减少填方数量,减少拆迁和占地面积,以保护临近线路的既有的重要建筑物。

(2)山坡挡土墙:设置在堑坡上部,如图 5-4(c)所示。用于支挡山坡土可能滑塌的覆盖层或破碎岩层,有的兼有拦石作用。

(3)路堑挡土墙:设置在堑坡底部,如图 5-4(d)所示。主要用于支撑开挖后不能自行稳定的边坡,同时可减少土方数量,降低边坡高度。

(4)设置在滨河及水库路堤傍水侧的挡土墙:可防止水流对路基的冲刷和侵蚀,也是减少压缩河库或少占库容的有效措施。

(5)设置在隧道口或明洞口的挡土墙:可缩短隧道或明洞长度,降低工程造价。设置在出水口四周的挡土墙可防止水流对河床、池塘边壁的冲刷,防止出水口堵塞。

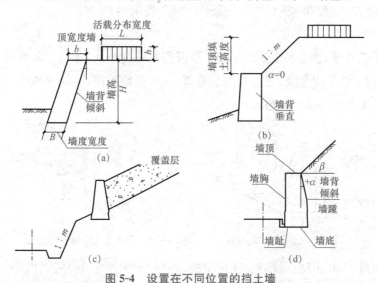

图 5-4 设置在不同位置的挡土墙

(a)路肩挡土墙;(b)路堤挡土墙;(c)山坡挡土墙;(d)路堑挡土墙

2. 挡土墙的类型

(1)重力式挡土墙:是指依靠墙身自重抵抗土体侧压力的挡土墙,如图 5-5 所示。重力式挡土墙可用块石、片石、混凝土预制块作为砌体,或采用片石混凝土、混凝土进行整体浇筑。

其优点是就地取材,施工方便,经济效果好。所以,重力式挡土墙在我国铁路、公路、水利、港湾、矿山等工程中得到广泛的应用。当地基较好,挡土墙高度不大,本地又有可用石料时,应当首先选用重力式挡土墙。

(2)悬臂式挡土墙:采用钢筋混凝土材料,由底板和固定在底板上的直墙构成,主要靠底板上的填土重量来维持稳定的挡土墙,主要由立壁、趾板及踵板三个钢筋混凝土构件组成,如图 5-6 所示。悬臂式挡土墙构造简单,施工方便,能适应较松软的地基,墙高一般为 6~9 m。当墙高较大时,立壁下部的弯矩较大,钢筋与混凝土的用量剧增,影响这种结构形式的经济效果,此时宜采用扶壁式挡土墙。

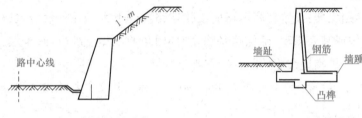

图 5-5 重力式挡土墙   图 5-6 悬臂式挡土墙

(3)扶壁式挡土墙:是指沿悬臂式挡土墙的立壁,每隔一定距离加一道扶壁,将立壁与踵板连接起来的挡土墙,如图 5-7 所示。扶壁式挡土墙一般为钢筋混凝土结构,其主要特点是构造简单,施工方便,墙身断面较小,自身质量轻,可以较好地发挥材料的强度性能,能适应承载力较低的地基。其适用于缺乏石料及地震地区。一般在较高的填方路段采用来稳定路堤,以减少土石方工程量和占地面积。扶壁式挡土墙,断面尺寸较小,踵板上的土体重力可有效地抵抗倾覆和滑移,竖板和扶壁共同承受土压力产生的弯矩和剪力,相对悬臂式挡土墙受力好。

(4)柱板式挡土墙:由立柱、底梁、拉杆、挡板和基础座组成,如图 5-8 所示。柱板式挡土墙借卸荷板上的土重平衡全墙,基础开挖较悬臂式少,可预制拼装,快速施工。其适用于路堑墙,特别是用于支挡土质路堑高边坡。

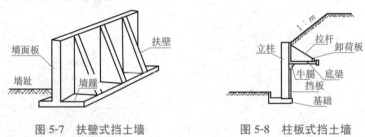

图 5-7 扶壁式挡土墙   图 5-8 柱板式挡土墙

(5)锚杆式挡土墙:由肋柱、挡板、锚杆组成,如图 5-9 所示。其靠锚杆锚固在岩体内拉住肋柱,锚头为楔缝式,或砂浆锚杆。锚杆式挡土墙适用于石料缺乏,挡土墙超过 12 m,或开挖基础有困难的地区,一般置于路堑墙。

(6)自立式(尾杆式)挡土墙:由拉杆、挡板、立柱、锚定块组成,如图 5-10 所示,靠填土本身和拉杆锚定块形成整体稳定。该形式结构轻便,工程量节省,可以预制、拼装、快速施工。基础处理简单,有利于在地基软弱处进行填土施工,但分层碾压需慎重,对土也要有一定选择。

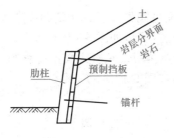
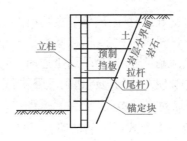

图 5-9　锚杆式挡土墙　　　　　图 5-10　自立式(尾杆式)挡土墙

(7)加筋土式挡土墙:由加筋体墙面、筋带和加筋体填料组成,如图 5-11 所示。其靠加筋体自身形成,具有整体稳定,结构简便,工程费用少的特点。加筋款式挡土墙的基础处理简单,有利于地基软弱处进行填土施工,但分层碾压必须与筋带分层相吻合,对筋带强度、耐腐蚀性、连接等均有严格要求,对填料也有选择。

(8)衡重式挡土墙:衡重式挡土墙实质属于重力式挡土墙的一种,如图 5-12 所示。上墙利用衡重台上填土的下压作用和全墙重心的后移增加墙身稳定。墙胸陡坡,下墙仰斜,可降低墙高,减少基础开挖。其可用于山区,地面横坡陡的路肩墙,也可用于路堑墙(兼拦落石)或路堤墙。

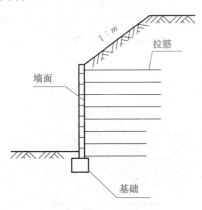
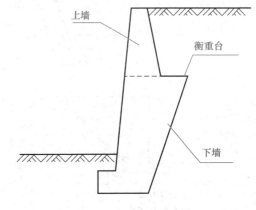

图 5-11　加筋土式挡土墙　　　　　图 5-12　衡重式挡土墙

5.1.2　挡土墙构造

我国常见的挡土墙多为重力式挡土墙。现以重力式挡土墙为例介绍其构造。

1. 挡土墙的基础

绝大多数挡土墙,都修筑在天然地基上,但当承载能力较差时,则要设基础。

(1)扩大基础:当地基承载力不足,地形平坦而墙身较高时,为减少基底应力和抗倾覆稳定性,常常采用加宽墙趾来设置扩大基础,如图 5-13(a)所示。当地基压应力超过地基承载力过多时,需要加宽值较大,为避免部分台阶过高,可采用钢筋混凝土做底板,如图 5-13(b)所示,其厚度由剪力和主拉应力控制。

(2)拱形基础:当地基有短段缺口或挖基困难时,可采用拱形基础,以石砌拱圈跨过,再在其上砌筑墙身,但应注意土压力不宜过大,以免横向推力导致拱圈开裂,如图 5-13(c)所示。

（3）**台阶基础**：当挡土墙修筑在陡坡上，而地基又是完整、稳固，对基础不产生侧向压力的坚硬岩石时，设置台阶式基础，以减少基坑开挖和节省圬工，如图 5-13(d)所示。

（4）**换填地基**：当地基为软弱土层时，可采用砂砾、碎石、矿渣或灰土等材料予以换填，以扩散基底应力，使之均匀地传递到下卧软弱土层中，如图 5-13(e)所示。

2. 挡土墙的墙身构造

（1）墙背。重力式挡土墙的墙背，可以有仰斜、俯斜、垂直和衡重式等形式，如图 5-14 所示。常用砖、卵石、块石、片石、水泥混凝土等材料砌筑。

1）**俯斜式**：墙背所受压力较大，如图 5-14(a)所示。在地面横坡陡峭时，俯斜式挡土墙可采用陡直的墙面，借以减小墙高。俯斜墙背也可做成台阶形，以增加墙背与填料之间的摩擦力。

2）**仰斜式**：如图 5-14(b)所示，墙背一般适用于路堑墙及墙趾处地面平坦的路肩墙或路堤墙。仰斜墙背的坡度不宜缓于 1∶0.3，以免施工困难。

3）**垂直式**：如图 5-14(c)所示，墙背的特点介于仰斜和俯斜墙背之间。

4）**衡重式**：如图 5-14(d)所示，墙身在上、下墙之间设衡重台，并采用陡直的墙面。衡重式墙身适用于山区地形陡峻处的路肩墙或路堤墙，也可用于路堑墙。上墙俯斜墙背的坡度一般为 1∶0.25～1∶0.45，下墙仰斜墙背一般为 1∶0.25 左右，上、下墙的墙高比一般采用 2∶3。

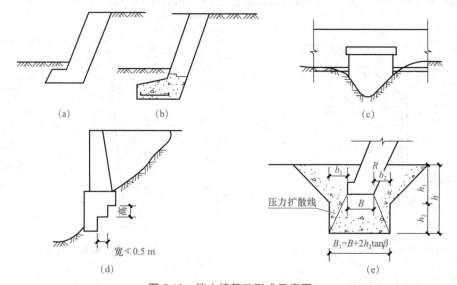

图 5-13　挡土墙基础形式示意图

(a)扩大基础；(b)钢筋混凝土底板；(c)拱形基础；(d)台阶基础；(e)换填地基

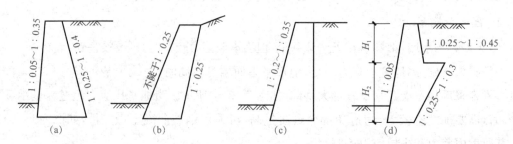

图 5-14　重力式挡土墙断面形式示意图

(a)俯斜式；(b)仰斜式；(c)垂直式；(d)衡重式

（2）墙面。挡土墙墙面一般均为平面，其坡度与墙背坡度相协调。墙面坡度直接影响挡土墙的高度。因此，在地面横坡较陡时，墙面坡度一般为 $1:0.05\sim1:0.20$，矮墙可采用陡直墙面，地面平缓时，一般采用 $1:0.20\sim1:0.35$，造价比较经济。

（3）墙顶。挡土墙墙顶最小宽度，浆砌挡土墙不小于 50 cm，干砌不小于 60 cm，浆砌路肩墙墙顶一般宜采用粗料石或混凝土做成顶帽，厚度为 40 cm。如不做成顶帽，或为路堤墙和路堑墙，墙顶应以大块石砌筑，并用砂浆勾缝，或用 M5 砂浆抹平顶面，砂浆厚度为 2 cm。干砌挡土墙墙顶在 50 cm 高度内，用 M5 砂浆砌筑以增加墙身稳定。干砌挡土墙的高度一般不宜大于 6 m。

（4）护栏。为保护交通安全，在地形险峻地段，或过高过长的路肩墙的墙顶应设置护栏。为保护路肩最小宽度，护栏内侧边缘距路面边缘的距离应为：二、三级路不小于0.75 m；四级路不小于 0.5 m。

3. 挡土墙的排水设施

挡土墙排水设施的作用主要是排除墙后土体中的积水和防止地面水下渗，防止墙后积水形成静水压力，减少寒冷地区回填土的冻胀压力，消除黏性土填料浸水后的膨胀压力。

排水措施主要包括：设置地面排水沟，引排地面水，夯实回填土顶面和地面松土，防止雨水及地面水下渗，必要时可加设铺砌；对路堑挡土墙墙趾前的边沟应予以铺砌加固，以防边沟水渗入基础；设置墙身泄水孔，排除墙后水。其位置如图 5-15 所示。干砌挡土墙因墙身透水，可不设泄水孔。

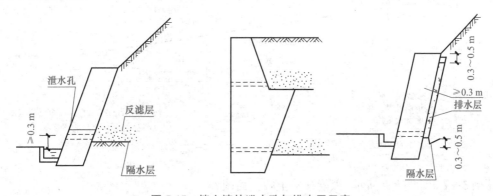

图 5-15　挡土墙的泄水孔与排水层示意

5.1.3　挡土墙工程图识读

挡土墙施工图包括平面图、正立面图、横断面图和节点做法详图等。

（1）通过识读平面图，可以了解挡土墙的位置、线型布置、与其他建筑结构之间的关系等情况。

与管网工程平面图一样，在市政工程施工图纸中，挡土墙工程平面图也是直接绘制在已有或配套新建的道路工程平面图上的，可以从图中识读道路路宽及道路横向布置情况，还可以了解道路周围建筑物及构筑物的情况。施工坐标及指北针的标示方法也与道路平面图中一致。由于比例尺过小，直接绘制在道路工程平面图上的挡土墙一般很难准确表达其平面尺寸，只能用挡土墙中心线代表其平面线型、走向、位置等情况，类似于道路的路线平面图。

【例 5-1】 如图 5-1 所示,识读某挡土墙平面位置图。

【读图】 从平面图可知,该道路工程为古北南路,施工标段为 K0+200~K0+463.4。整个标段为直线路段,根据平面图右上角的指北针判断,道路走向大致为西东走向(从左至右)。该道路为双幅路,中心线处设置有宽 1.5 m 的中央分隔带,车行道宽 11.75 m,人行道宽 5 m。

视频:[例 5-1]

在道路东侧(平面图上方位置)人行道边线(即规划红线)位置,设置有一段长度为 179.28 m 的 L 型挡土墙,起止桩号为 K0+288.10~K0+467.38。在道路西侧(平面图下方位置)人行道边线(即规划红线)位置,设置有两段段长度分别为 148.72 m、13.74 m 的 L 型挡土墙,起止桩号分别为 K0+230~K0+378.72、K0+445.75~K0+459.42。这三段挡土墙的平面线型均为直线。

(2)挡土墙正面图一般注明了各特征点的桩号,以及墙顶、基础顶面、基底的标高、泄水孔的位置、间距、孔径等内容。挡土墙立面图还注明伸缩缝及沉降缝的位置、宽度、基底纵坡、路线纵坡等。如图 5-16 所示,挡土墙立面被两条沉降缝或伸缩缝(这两种缝通常可以合并设置)分隔成 3 段,在图上方标注出每段的水平长度。挡土墙的顶面与路线纵坡保持一致,墙身基础底部纵坡不大于 5%,第一段墙身基底采用纵向台阶,根据地形设置,高宽比不大于 1:2。墙身正面间隔设置一定数量的泄水孔,以利于墙身背后土体中的积水顺利排除。

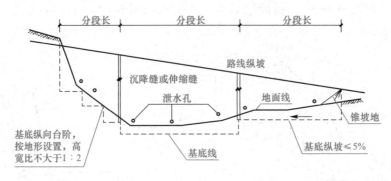

图 5-16 挡土墙正立面示意

【例 5-2】 如图 5-2 所示,识读某挡土墙立面图。

【读图】 以古北南路东侧挡土墙立面图为例,进行识读。与道路纵断面相似,挡土墙立面图也分为上面的图样部分和下面的数据表部分。

视频:[例 5-2]

通过图样部分可以看到该挡土墙的立面形态,水平方向的线条从下往上依次为基础底面标高线、基础顶面标高线、挡土墙墙顶顶面高程线和原有地面标高线。在地面线上方附近布置有泄水孔。竖向若干线段代表挡土墙的沉降缝,对应数据表中的桩号可知,该挡土墙每间隔 10 m 左右设置一条沉降缝。从挡土墙的立面形态可知,每段挡土墙的基础厚度、埋设深度、墙身高度等都不尽相同。

通过数据表部分,可以读出每段挡土墙对应的每个桩号处的中心线设计标高、原有地面标高、挡土墙墙顶顶面高程、基础底面标高及每段挡土墙(即相邻两桩号之间的挡土墙)的水平长度和参考断面高度。

(3)挡土墙横断面图一般要说明墙身断面形式、基础形式和埋置深度、泄水孔断面情况等。

如图 5-17 所示,为某重力式挡土墙横断面图。该挡土墙基础底部采用厚度为 15 cm 的

C15 混凝土垫层,垫层顶部设置 0.2∶1 的内向坡度,以保持墙身稳定。扩大基础宽度为 3 024 mm,由于底部垫层形成的坡度,基础厚度均匀变化,厚的一侧为 1 400 mm,薄的一侧为 800 mm。墙身为 M10 水泥砂浆砌 MU30 片石,高度为 6 900 mm,底宽为 2 724 mm,顶宽为 1 000 mm,墙身为垂直式断面,正面倾斜坡度为 0.25∶1。墙身内在不同高度设置两排 φ8 PVC 泄水管,向外倾斜坡度为 $i=0.03$(即 3%)。泄水管后方即墙身背面处设置土工布填碎石,保证过滤土体中水分的同时,阻止土体颗粒的流失。

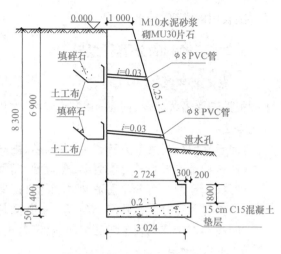

图 5-17　某重力式挡土墙横断面示意(单位:mm)

【例 5-3】　如图 5-3 所示,识读某挡土墙结构设计图。

【读图】　通过断面图可知,该挡土墙采用悬臂式结构,并且为路堤挡土墙。该挡土墙采用钢筋混凝土预制桩基础,其尺寸为 300 mm×300 mm× 15 000 mm,纵向间距 2.0 m 布置。根据注解第 12 条可知:挡土墙基础设预制桩仅适用于挡墙高度>3.0 m 的情况,挡墙高度≤3.0 m 的不设桩基。挡墙下设置 10 cm 厚碎石垫层和 10 cm 厚 C15 素混凝土垫层。

视频:【例 5-3】

根据设计说明第 2 条可知,挡土墙采用 C30 混凝土现浇,从断面图可找到各部分尺寸:H 为墙高,即墙顶至墙趾顶面的垂直高度;B 为挡墙底宽,即墙趾前端至墙踵后缘的水平距离;h 为墙趾厚度,也是墙踵厚度;a 为墙趾伸出墙面的宽度;b 为墙厚;c 为墙踵伸出墙背宽度;凸榫的凸出厚度为 200 mm。H、B、h、a、b、c 的具体取值根据挡墙尺寸表确定,当墙高 H 不同时,其他数据会发生相应变化。

墙趾上有 500 mm 厚的填土,墙踵上为路堤填土,顶部铺设道路面层。墙趾和墙踵上与填土接触的部位均采用沥青封面。结合设计说明第 8 条与断面图可知,挡土墙泄水孔间距为 3～5 m,孔眼尺寸为 φ8 cm,采用硬质空心管。在泄水孔的墙背入口处附近填以厚 30 cm 的碎石,底部设置过滤层集料,外面加以土工布覆盖,以免淤塞。挡墙顶部设置 15 cm 厚 C20 混凝土压顶,并在压顶上布置人行护栏立柱。

5.2　涵洞工程识图与构造

涵洞是公路排水的主要构造物,它宣泄的是小量流水,与桥梁的区别主要在于跨径的大小,涵洞跨径一般较小。根据《公路工程技术标准》(JTG B01—2014)规定,凡是单孔跨径<5 m,多孔总跨径<8 m,以及圆管涵、箱形涵,无论管径或跨径大小,孔数多少,均属于涵洞。涵洞的设置位置、孔径大小的确定、涵洞形式的选择,都直接关系到公路运输能否畅通。

涵洞一般埋设在路基下的建筑物中,其轴线与线路方向正交或斜交,是用来从道路一侧向另一侧排水或作为穿越道路的横向通道。涵洞是公路工程中的小型构造物,虽然在总造价中,其所占比例很小,但涵洞施工质量好坏,直接影响到公路工程的整体质量及使用性能,以及周围农田的灌溉、排水。

5.2.1 涵洞的分类与组成

1. 涵洞的分类

根据道路沿线地形、地质、水文及地物、农田等情况的不同,构筑的涵洞具体有以下几种分类方法:

(1)按建筑材料可分为砖砌涵、石砌涵、钢筋混凝土涵等。

(2)按构造形式可分为圆管涵、盖板涵、箱型涵、拱涵等。

(3)按断面形式可分为圆形涵、拱形涵、矩形涵等。

(4)按孔数可分为单孔涵、双孔涵、多孔涵等。

(5)按涵洞上有无覆土可分为明涵(无覆土)、暗涵(有覆土)等。

2. 涵洞的组成

涵洞一般由洞身、洞口、基础三部分组成,如图 5-18 所示。

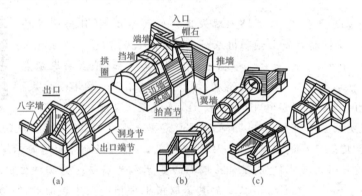

图 5-18 涵洞构造示意

(a)拱涵;(b)圆管涵;(c)盖板箱涵

(1)洞身是形成过水孔道的主要构造,它应具有保证设计流量通过的必要孔径,同时本身又坚固而稳定。洞身的作用是一方面保证水流通过;另一方面也直接承受荷载压力和填土压力,并将其传递给地基。洞身通常由承重结构(如拱圈、盖板等)、涵台、基础及防水层、伸缩缝等部分组成。钢筋混凝土箱涵及圆管涵为封闭结构,涵台、盖板、基础连成整体,其涵身断面由箱节或管节组成,为了便于排水,涵洞涵身还应有适当的纵坡。

(2)洞口就是洞身、路基、河道三者的连接构造,其作用是使涵洞与河道顺接,使水流进出顺畅,并确保路基边坡稳定,使之免受水流冲刷。洞口建筑由进水口、出水口和沟床加固三部分组成。位于涵洞上游侧的洞口称为进水口,位于涵洞下游侧的洞口称为出水口。沟床加固包括进出口调治构造物,减冲防冲设施等。洞口的形式是多样的,构造也不同,常见的洞口形式有八字式(翼墙式)、端墙式和锥坡式等,如图 5-19 所示。

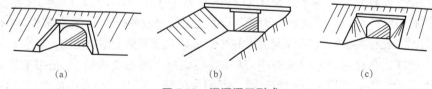

图 5-19 涵洞洞口形式

(a)八字式;(b)端墙式;(c)锥坡式

5.2.2　涵洞工程识图与构造

涵洞工程属于狭长的构筑物。根据图样的组成,涵洞构造图主要图示的是整体构造、各部分之间的关系及尺寸等。**通常以涵洞的水流方向为纵向,垂直水流方向为横向。**涵洞构造图一般由纵剖面图、平面图和侧立面图及横剖面图组成(由于涵洞一般是对称结构,因此以上图示也可采用半图显示);细部构造大样图及构件详图,则主要是由洞身构造图、基础构造图、端墙及翼墙大样图、连接(接缝)构造图及其他构件详图组成。

1. 圆管涵识图与构造

钢筋混凝土圆管涵是城市道路工程中常用的涵洞形式之一,由于其洞身是用预制的钢筋混凝土圆管连接而成,故称为钢筋混凝土圆管涵。这种涵洞构造简单,施工方便,所以,应用比较普遍,如图5-20所示。涵洞纵向轴线与道路中心线垂直相交时,称为正交涵洞;当涵洞纵向轴线与道路中心线斜交时,则称为斜交涵洞。正交涵洞与斜交涵洞的区别,主要是洞口构造不同。

立交涵洞以道路中心线和涵洞轴线为两个对称轴,所以,涵洞的构造图采用半纵剖面图、半平面图和侧立面图来表示。

(1)半纵剖面图的图示内容。半纵剖面图是假设用一垂直剖切平面将涵洞沿其轴线剖切所得到的剖面图。因为涵洞是对称于道路中心线的,所以,只绘出左半部分,故称为半纵剖面图。该图样的图示内容主要有以下几个方面:

1)用建筑材料图例分别表示各构造部分的剖切断面及使用材料,如钢筋混凝土圆管管壁、洞身及端墙的基础、洞身保护层、覆土情况及端墙、缘石、截水墙、洞口水坡等,并用粗实线图示各部分剖切截面的轮廓线。

2)钢筋混凝土圆管轴线及竖向对称线用细点画线表示;锥形护坡的轮廓线、管道接缝用中实线表示;虚线则图示出不可见轮廓线,如锥形护坡厚度线、端墙墙背线等;用坡度图例线及锥形护坡符号图示出锥形护坡。

3)图示出各部分的尺寸及总尺寸,单位一般为cm;图示出洞底标高及纵向坡度、道路边坡坡度、锥形护坡坡度等。

4)用文字标注各部位的名称及所使用的材料等。

(2)半平面图的图示内容。半平面图是对涵洞进行水平投影所得到的图样。因为只需画出左侧一半的涵洞平面图,故称为半平面图。该图样的图示内容主要有以下几个方面:

1)视覆土为非透明体,则图中虚线图示出涵洞管道厚度及其他不可见线,如翼墙基础、管道接缝等。

2)翼墙的可见轮廓线、缘石轮廓线、道路边线等可见轮廓线用粗实线表示;涵洞的轴线及竖向对称线用细点画线表示。

3)图示出道路边坡图例线、锥形护坡图例线及符号、锥形护坡与洞口水坡的交线等。

4)注明各部位尺寸及总尺寸,单位为cm。

5)图示出各剖面图的位置及编号;标注必要的文字说明等。

(3)侧立面图的图示内容。侧立面图有两种图示方法:一种是全侧立面图;另一种为半立面图半剖面图,剖切平面的位置一般设在端墙外边缘。半立面图部分的图示方法与全侧立面图相同。侧立面图的图示内容如下:

195

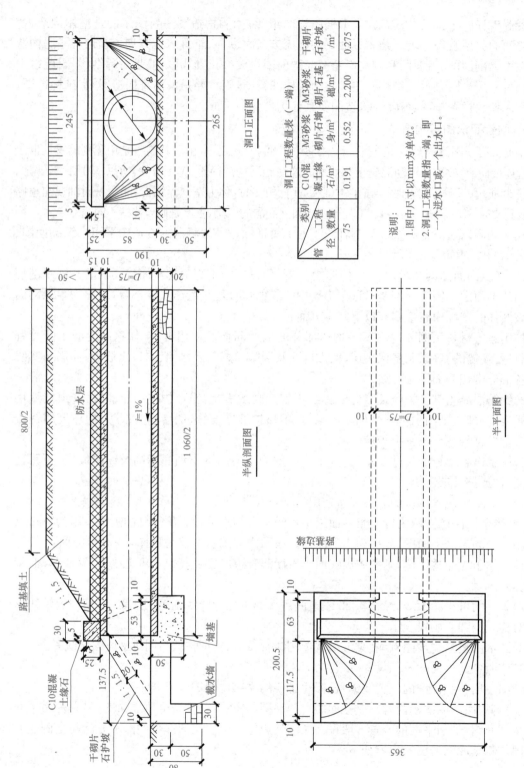

洞口正面图

半纵剖面图

半平面图

洞口工程数量表（一端）

类别工程数量管径	C10混凝土缘石/m³	M3砂浆砌片石端身/m³	M3砂浆砌片石基础/m³	干砌片石护坡/m³
75	0.191	0.552	2.200	0.275

说明：
1.图中尺寸以mm为单位。
2.洞口工程数量指一端，即一个进水口或一个出水口。

图5-20 钢筋混凝土圆管涵洞构造示意

1)洞口缘石的轮廓线、涵洞管道内外轮廓线、端墙轮廓线、截水墙轮廓线、道路边坡顶部轮廓线等,均用粗实线表示。

2)锥形护坡轮廓线用中实线表示;用细实线图示锥形护坡的坡度图例及符号并注明坡度,图示出道路边坡图例线。

3)用细点画线图示出圆管的横、竖对称线。

4)用虚线图示出不可见轮廓线,如图 5-20 所示,洞口正立面图中的两条虚线上面一条为水坡的厚度线,下面一条为端墙基础线。

5)图中应标注出水管底标高、各部位的尺寸及总尺寸、圆管直径及管壁厚度等。

6)图示出截水墙处的沟底标高及土壤图例。

7)当为半立面图半剖面图时,应图示出剖切平面位置处的构造、图例等。

【例 5-4】 如图 5-20 所示,识读钢筋混凝土圆管涵构造图。

【读图】 如图 5-20 中的半纵剖面图所示,该圆管涵位于填土路基下方,涵身上方覆土厚度超过 50 cm,并设置了 15 cm 厚的防水层。路基边坡坡度比为 1∶1.5,洞口端墙处的干砌片石护坡的坡度比与其保持一致。端墙顶部设置 C10 混凝土缘石,截面尺寸为 30 cm×25 cm,且沿高度方向顶部 5 cm 设置成削角形式。端墙墙身截面为直角梯形,墙背倾斜坡度为 1∶3,墙身底宽为 53 cm。墙身底部设置混凝土墙基,高 50−10=40(cm),宽 53+10+10=73(cm)。洞口底部设置 L 型截水墙(河床铺砌),具体尺寸如图 5-20 所示。该管涵管道内径为 75 cm,壁厚为 10 cm,管道铺设坡度为 1‰,管涵涵身全长 1 060 cm。

如图 5-20 中的半平面图所示,该圆管涵洞口处截水墙的长度为 365 cm,宽 10+117.5=127.5(cm),锥形护坡底部覆盖长度为 117.5 cm。

如图 5-20 中的立面图(洞口正面图)所示,端墙长度为 245 cm,顶部缘石比端墙两侧各宽出 5 cm,截水墙比端墙两侧各宽出 10 cm。锥形护坡的正面坡度为 1∶1。

2. 钢筋混凝土盖板涵识图与构造

盖板涵构造图与圆管涵的类似,在视图表达时,采用纵剖面图、平面图及涵洞洞口正立面作为侧面图,配以必要的涵身及洞口翼墙断面图等来表示。

【例 5-5】 如图 5-21 所示,识读某钢筋混凝土单孔盖板涵构造图。

【读图】 该盖板涵的构造组成主要包括洞身、洞口、基础三大部分。洞身部分是由洞底铺砌、侧墙及基础、钢筋混凝土盖板组成;洞口部分由缘石、翼墙及其基础、洞口水坡、截水墙组成。该涵洞为明涵洞,其路基宽度为 1 200 cm,即涵身长为 12 m,加上洞口铺砌,涵洞总长度为 17.2 m,洞口两侧为八字墙,洞高进水口为 210 cm,出水口为 216 cm,跨径为 298 cm。在视图表达时,采用纵剖面图、平面图及涵洞洞口正立面作为侧面图,配以必要的涵身及洞口翼墙断面图等来表示。

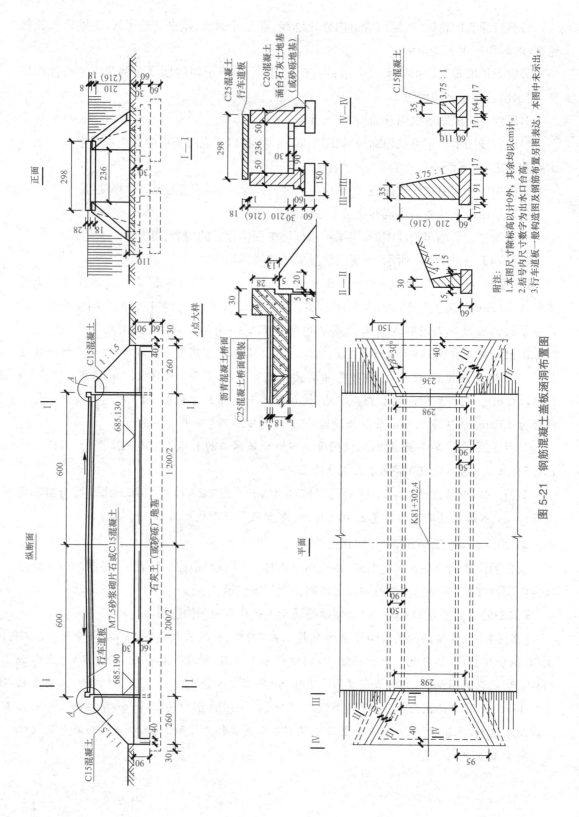

图 5-21 钢筋混凝土盖板涵洞布置图

附注：
1.本图尺寸除标高以 m 外，其余均以 cm 计。
2.括号内尺寸数字为出水口台高。
3.行车道板一般构造图及钢筋布置另图表达，本图中未示出。

(1)纵剖面图。由于是明涵,涵顶无覆土,路基宽就是盖板的长度。图中表示了路面横坡,以及带有 1∶1.5 坡度的八字翼墙和洞身的连接关系,进水口涵底的标高为 685.190,出水口涵底的标高为 685.130,洞底铺砌厚度为 30 cm,采用 M7.5 砂浆砌片石或 C15 混凝土,洞口铺砌长每端 260 cm,挡水坎深度为 90 cm。涵台基础另有厚度为 60 cm 的石灰土(或砂砾)地基处理层。各细部长度方向的尺寸也作了明确表示,图中还绘出了原地面线。为表达更清楚,在Ⅰ—Ⅰ位置剖切,绘制出了断面图。

(2)平面图。采用断裂线截掉涵身两侧以外部分,画出路肩边缘及示坡线,路线中心线与涵洞轴线的交点,即为涵洞中心桩号,涵台台身宽度为 50 cm,其水平投影被路堤遮挡应画虚线,台身基础宽度为 90 cm,也同样为虚线。进出水口的八字翼墙及其基础在平面图中的投影与尺寸得以清晰表示。为方便施工,对八字翼墙的Ⅱ—Ⅱ位置进行剖切,以便放样或制作模板。

(3)侧面图。即洞口正面图,反映了洞高和净跨径为 236 cm,同时,反映出缘石、盖板、八字墙、基础等的相对位置和它们的侧面形状,这里地面线以下不可见线条以虚线绘出。

3. 石拱涵识图与构造

石拱涵是由涵台、台墙基础、主拱圈和洞口侧墙及八字翼墙等组成的,如图 5-22 所示。其视图常用立面图、平面图、洞口立面图等来表示。

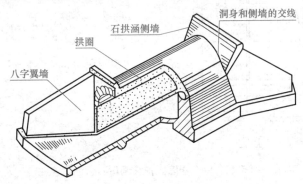

图 5-22　石拱涵构造示意

(1)石拱涵的类型。石拱涵可分为以下三种类型:

1)普通石拱涵:跨径为 1.0~5.0 m,墙上填土高度为 4 m 以下。

2)高度填土石拱涵:跨径为 1.0~4.0 m,墙上填土高度为 4.0~12.0 m。

3)阶梯式陡坡石拱涵:跨径为 1.0~3.0 m。

图 5-23 所示为单孔端墙式护坡洞口石拱涵工程图。洞身长为 900 cm,跨径为 300 cm,拱圈内弧半径为 163 cm,拱矢高为 100 cm,跨矢比=100/300=1/3。该图样比例为 1∶1 000。

(2)立面图(半纵剖面图)。沿涵洞纵向轴线进行全剖,因两端洞口结构完全相同,故只画出一侧洞口及半涵洞长。立面图表达的是洞身内部结构,包括洞高、半洞长、基础形状、截水墙等的形状和尺寸。

(3)平面图。端墙内侧面为 4∶1 的坡面,与拱涵顶部的交线为椭圆,这一交线需按投影关系绘出。平面图表达了端墙、基础、两侧护坡、缘石等结构自上而下的形状、相对位置及各部分的尺寸。

(4)洞口立面图。该立面图采用了图中的 1—1 剖面图,反映了洞身、拱顶、洞底、基础的结构、材料及尺寸,同时也表达了洞身与基础的连接方式。当石拱涵跨径较大时,多采用双孔或多孔,选取洞口立面图可以不作剖面图或半剖图。

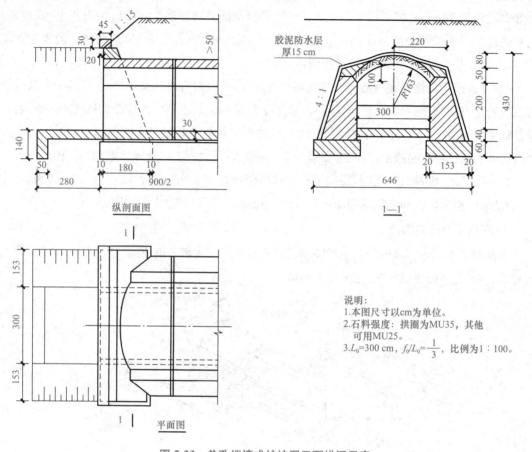

图 5-23　单孔端墙式护坡洞口石拱涵示意

5.3　隧道工程识图与构造

隧道是埋置于地层内的工程建筑物,是人类利用地下空间的一种形式。1970 年国际经济合作与发展组织召开的隧道会议综合了各种因素,对隧道的定义为:"以某种用途、在地面下作用任何方法规定形状和尺寸修筑的断面面积大于 2 m² 的洞室。"

5.3.1　隧道的分类与组成

1. 隧道的分类

按照隧道所处地质条件、长度、横断面面积大小、隧道所在位置、埋置深度、用途等的不同,有以下几种分类方法:

(1)按隧道所处的地质条件可分为土质隧道和石质隧道。

(2)按隧道长度可分为短隧道、中长隧道、长隧道、特长隧道等。

(3)按隧道横断面面积大小可分为极小断面隧道、小断面隧道、中等断面隧道、大断面隧道、特大断面隧道等。

(4)按隧道所在位置可分为山岭隧道、水底隧道、城市隧道等。

(5)按隧道埋置深度可分为浅埋隧道和深埋隧道。

(6)按隧道用途可分为交通隧道、水工隧道、市政隧道和矿山隧道。

重点介绍按隧道用途来分类的几种隧道类型。

1)交通隧道。交通隧道一般是指公路、铁路和运河隧道。公路隧道修筑在地下供汽车行驶的通道,一般还兼作管线和行人等通道。铁路隧道是修建在地下或水下并铺设铁路供机车车辆通行的建筑物。根据其所在位置可分为三大类:为缩短距离和避免大坡道而从山岭或丘陵下穿越的称为山岭隧道;为穿越河流或海峡而从河下或海底通过的称为水下隧道;为适应铁路通过大城市的需要而在城市地下穿越的称为城市隧道。这三类隧道中修建最多的是山岭隧道。运河隧道也称为航运隧道,用以通过船只的地下隧道。运河隧道在平面上通常为直线。

2)水工隧道。水工隧道也称为水工隧洞,其是指在山体中或地下开凿的过水洞。水工隧洞可用于灌溉、发电、供水、泄水、输水、施工导流和通航。水流在洞内具有自由水面的称为无压隧洞;充满整个断面,使洞壁承受一定水压力的称为有压隧洞。

3)市政隧道。市政隧道是指修建在城市地下,用作敷设各种市政设施地下管线的隧道。由于在城市中进一步发展工业和提高居民文化生活条件的需要,供市政设施用的地下管线越来越多,如自来水、污水、暖气、热水、煤气、通信、供电等。管线系统的发展,需要大量建造市政隧道,以便从根本上解决各种市政设施的地下管线系统的经营水平问题。在布置地下的通道、管线、电缆时,应有严格的次序和系统,以免进行检修和重建时要开挖街道和广场。

4)矿山隧道。矿山隧道是指为矿山下运输、掘进等一系列工作服务的水平通道。

2. 隧道的组成

隧道的结构包括主体建筑物和附属设备两部分。主体建筑物由洞身和洞门组成;附属设备包括避车洞、消防设施、应急通信和防水排水设施,长大隧道还有专门的通风和照明设备。

隧道是道路穿越山岭或水底工程的建筑物,它虽然形体很长,但中间断面形状很少变化,因此,它所需要的结构图样比起桥梁工程图来要少一些。一般隧道工程图包括四大部分,即地质图、线型设计图、隧道工程结构构造图及有关附属工程图。

(1)隧道工程地质图包括隧道地区工程地质图、隧道地区区域地质图、工程地质剖面图、垂直隧道轴线的横向地质剖面图和洞口工程地质图。

(2)隧道的线型设计图包括平面设计图、纵断面设计图及接线设计图。它是隧道总体布置的设计图样。

(3)隧道工程结构构造图包括隧道洞门图、横断面图(表示洞身形状和衬砌及路面的构造)和避车洞图、行人或行车横洞图等。

(4)隧道附属工程图包括通风、照明与供电设施和通信、信号及消防救援设施工程图样等。如图 5-24 所示为某隧道平面示意。

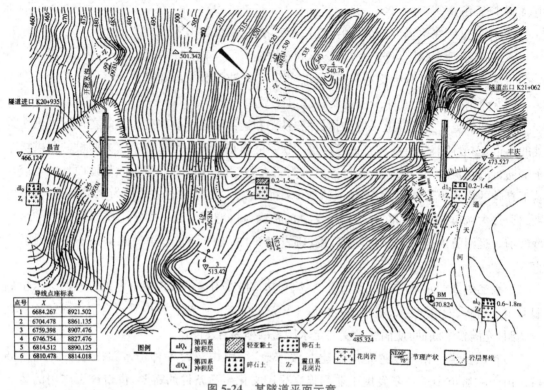

图 5-24 某隧道平面示意

5.3.2 隧道洞口识图与构造

1. 隧道洞口的构造

隧道洞门按地质情况和结构要求划分,可分为下列几种基本形式,如图 5-25 所示。

(1)环框式洞门。当洞口石质坚硬稳定,可将衬砌略伸出洞外,增大其厚度,形成洞口环框,可起到加固洞口和减少洞口雨后漏水等作用。其适用于洞口石质坚硬、地形陡峻而无排水要求的场合,如图 5-25(a)所示。

(2)端墙式洞门。端墙的作用在于支护洞门仰坡,保持其稳定,并将仰坡水流汇集排出。其适用于地形开阔、地层基本稳定的洞口,如图 5-25(b)所示。

(3)翼墙式洞门。当洞口地质条件较差时,在端墙的侧面加设翼墙,用以支撑端墙和保护路堑边坡的稳定,构成翼墙式洞门。其适用于地质条件较差的洞口。

由图 5-25(c)可知,翼墙式洞门由端墙、洞口衬砌(包括拱圈和边墙)、翼墙、洞顶排水沟以及洞内外侧沟等组成。隧道衬砌断面除直边墙式外,还有曲边墙式。

(4)柱式洞门。当地形较陡,地质条件较差,仰坡下滑的可能性较大,且设置翼墙式洞门又受地形条件限制时,可在端墙中设置柱墩,以增加端墙的稳定性,这种洞门称为柱式洞门,如图 5-25(d)所示。由于柱式洞门比较美观,适用于城市要道、风景区或长大隧道的洞口。

(5)凸出式洞门。目前,无论是公路还是铁路隧道,采用凸出式洞门越来越普遍。这类洞

202

门是将洞内衬砌延伸至洞外,一般凸出山体数米,如图 5-25(e)所示。它适用于各种地质条件,构筑时可不破坏原有边坡的稳定性,减少土石方的开挖工作量,降低造价,而且能更好地与周边环境相协调。

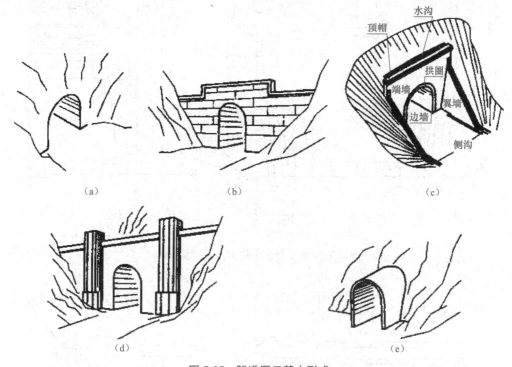

图 5-25 隧道洞口基本形式
(a)环框式门口;(b)端墙式洞门;(c)翼墙式洞门;(d)柱式洞门;(e)凸出式洞门

2. 隧道洞门的图示表达

隧道洞门图一般包括隧道洞门的立面图、平面图、剖面图和断面图等。

(1)立面图。立面图是隧道洞门的正面图,是沿线路方向对隧道门进行投射所得到的投影。它主要表示洞口衬砌的形状和尺寸、端墙的高度和长度、端墙和立柱与衬砌的相对位置,以及端墙顶水沟的坡度等。对于翼墙式洞门还应表示出翼墙的倾斜度、翼墙顶排水沟与端墙顶水沟的连接情况等,如图 5-26 所示。

(2)平面图。平面图是隧道洞门的水平投影,用来表示端墙顶帽和立柱的宽度、端墙顶水沟的构造和洞门处排水系统的情况等,如图 5-27 所示。

(3)剖面图。如图 5-26 所示的 1—1 剖面图是沿隧道中线所作的剖面图。它表示端墙、顶帽和立柱的宽度、端墙和立柱的倾斜度(10∶1)、端墙顶水沟的断面形状和尺寸,以及隧道顶上仰坡的坡度(1∶0.75)等。

3. 隧道洞门图的识读

(1)隧道洞门图的识读方法和步骤。现以翼墙式隧道洞门示意图(图 5-26、图 5-27)为例说明识读隧道洞门图的方法和步骤。

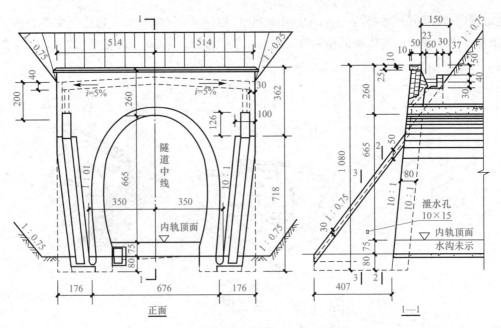

图 5-26 翼墙式隧道洞门正面(立面)图

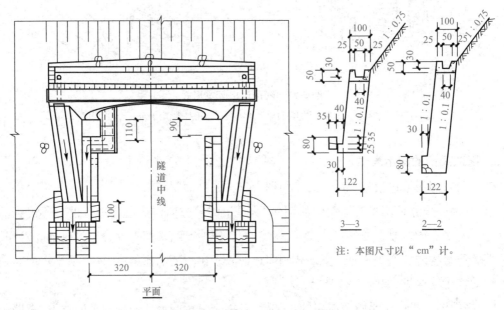

注：本图尺寸以"cm"计。

图 5-27 翼墙式隧道洞门平面图

1)首先作总体了解,图中所示的隧道门是带翼墙的单线曲边墙铁路隧道洞门。隧道门由五个图形组成,除正面图和平面图外,还画出了 1—1 剖面图和 2—2、3—3 两个断面图。1—1 剖面的剖切位置示于正面图中,是沿隧道中线剖切后向左投射得到的剖面图。2—2 和 3—3 断面的剖切位置示于 1—1 剖面图中。

2)其次,根据投影关系弄清楚洞门各组成部分的形状和尺寸。

(2)端墙和端墙顶水沟。

1)从图 5-26 正面图和 1—1 剖面图可以看出,洞门端墙是一堵靠山坡倾斜的墙,倾斜度为 10∶1。端墙长度为 1 028 cm,墙厚在水平方向上为 80 cm。墙顶设有顶帽,顶帽上部的前、左、右三边均做成高为 10 cm 的抹角。墙顶的背后有水沟,从正面图上可以看出,水沟是从墙的中间向两旁倾斜的,坡度为 5%。

2)结合图 5-27 平面图可以看出,端墙顶水沟的两端有厚度为 30 cm 的挡墙,用来挡水。从正面图的左边可得知,挡墙高度为 200 cm,其形状用虚线示于 1—1 剖面图中。

3)汇集于沟中的水通过埋设在墙体内的水管流到墙面上的凹槽里,然后流入翼墙顶部的排水沟中。

4)由于端墙顶水沟靠山坡一边的沟岸是向左、右两边按 5% 的坡度倾斜的,所以,它与洞顶 1∶0.75 的仰坡面相交产生两条一般位置直线,平面图中最上面的那两条斜线就是这两条交线的水平投影。

5)沟岸和沟底都向左右两边倾斜,这些倾斜平面的交线是正垂线,它们在平面图中与隧道中线重合。水沟靠洞门一边的沟壁是倾斜的,它是一个倾斜的平面,与向两边倾斜的沟底相交出两条一般位置直线,其水平投影是两条斜线。

(3)翼墙。从正面图中可以看出,端墙两边各有一堵翼墙,它们分别向路堑两边的山坡倾斜,坡度为 10∶1。结合 1—1 剖面图可以看出,翼墙的形状大体上是一个三棱柱。从 3—3 断面图可以得知翼墙的厚度、基础的厚度和高度,以及墙顶排水沟的断面形状和尺寸。从 2—2 断面图中可以看出,此处的基础高度有所改变,而墙脚处还有一个宽度为 40 cm、深度为 30 cm 的水沟。在 1—1 剖面中还示出了翼墙中下部有一个 10 cm×15 cm 的泄水孔,用它来排出翼墙背面的积水。

(4)侧沟。

1)连接水沟平面图(图 5-28)就是翼墙式洞门示意图中洞门左侧部分放大的图。它与 4—4、5—5 剖面图和 6—6 断面图一起表示了隧道内外侧沟的连接情况。

2)由连接水沟平面图可以看出,洞内侧沟的水是经过两次直角转弯后流入翼墙脚的侧沟内的。洞内外侧沟的断面均为矩形,由 4—4、5—5 剖面图可以看出,内外侧沟的底在同一平面上,沟宽为 40 cm,洞内沟深度为:108-30=78(cm),洞外深度为 33 cm,沟上均有钢筋混凝土盖板。

3)在洞口处侧沟边墙高度变化的地方有隔板封住,以防道碴掉入沟内。

4)从翼墙式洞门示意图可以看出,翼墙顶排水沟和翼墙脚侧沟的水先流入汇水坑,然后再从路堑侧沟排走。

5)隧道外侧沟示意图(图 5-29)所示的 8—8 剖面和 7—7 断面的剖切位置示于汇水坑平面图中。其中 8—8 剖面图表示左翼墙前端部水沟与水坑的连接情况和尺寸,右翼墙前端部水沟与汇水坑的连接构造相同,7—7 断面图表示路堑侧沟的断面形状和尺寸。

5.3.3　隧道内的避车洞

在隧道两侧边墙上,每隔规定距离设置有供人员躲避列车或临时存放器材的洞室。避车洞是用来供行人和隧道维修人员以及维修小车躲让来往车辆而设置的地方,其设置在隧道两侧的直边墙处,并要求沿路线方向交错设置。避车洞之间距离一般为30~150 m。

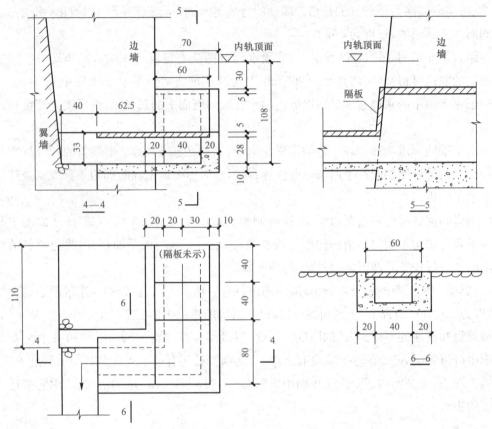

图 5-28　隧道内外侧沟连接平面图

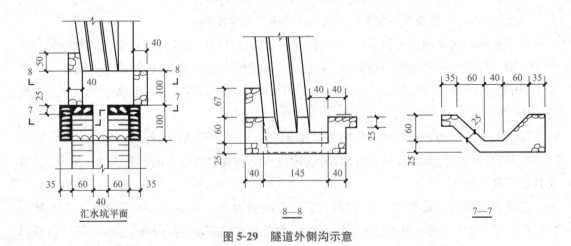

图 5-29　隧道外侧沟示意

避车洞图包括纵剖面图、平面图、避车洞详图。为了绘图方便,纵向和横向采用不同比例。

(1)纵剖面图。纵剖面图表示大、小避车洞的形状和位置,同时,也反映了隧道拱顶的衬砌材料和隧道内轮廓情况。

（2）平面图。平面图主要表示大、小避车洞的进深尺寸和形状，并反映了避车洞在整个隧道中的总体布置情况（一般情况下，横向比例为1：200，纵向比例为1：2 000）。

（3）详图。将形状和尺寸不同的大、小避车洞绘制成图5-30所示的详图，将避车洞底面两边做成斜坡，以供排水用。详图也是施工的重要依据之一。

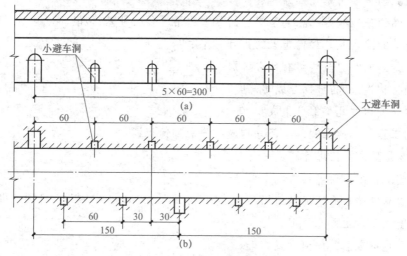

图5-30　避车洞的纵剖面图(单位：m)

(a)纵剖面图；(b)平面图

模块小结

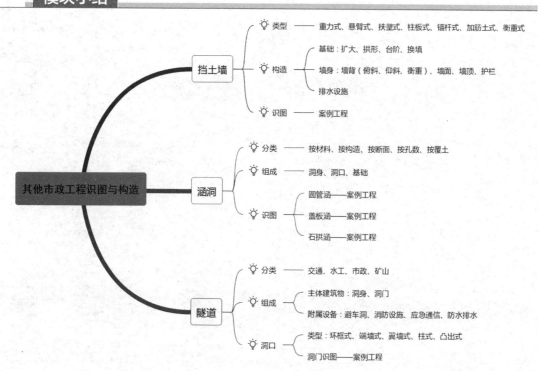

1. 挡土墙设置在什么位置？不同位置的挡土墙有什么不同功能？

2. 按构造形式，挡土墙有哪几种类型？分别适用于什么情况？

3. 重力式挡土墙由哪几部分构成？

4. 挡土墙的基础有哪几种类型？它们分别适用于什么地基情况？

5. 挡土墙的泄水孔是如何布置的？有何作用？

6. 什么是涵洞？它与桥梁有什么区别？

7. 涵洞按构造形式，可以分成哪几类？

8. 涵洞一般由哪几个部分组成？

9. 涵洞工程图一般由哪几个部分构成？分别如何识读？

10. 什么是隧道？按用途隧道可分为哪几类？

11. 隧道工程图一般包括哪几个部分？

12. 隧道洞口按地质情况和结构要求，可分为哪几种？它们分别适用于什么地质情况？

13. 翼墙式洞口由哪几个部分构成？

14. 什么是避车洞？如何设置？

参考文献

[1]张力．市政工程识图与构造[M]．北京:中国建筑工业出版社,2007.

[2]吴伟民．市政工程施工技术[M]．北京:中国水利水电出版社,2008.

[3]吴继锋．道路工程概论[M]．北京:机械工业出版社,2005.

[4]满广生．桥梁工程概论[M]．北京:中国水利水电出版社,2007.

[5]隋智力．市政工程看图施工[M]．北京:中国电力出版社,2006.

[6]王连威．城市道路设计[M]．北京:人民交通出版社,2002.

[7]王芳．市政工程构造与识图[M]．北京:中国建筑工业出版社,2003.

[8]邢丽贞．市政管道施工技术[M]．北京:化学工业出版社,2004.

[9]王丽荣．桥梁工程[M]．北京:中国建材工业出版社,2005.

[10]姚笠晨．市政道路工程[M]．北京:中国建筑工业出版社,2007.